図解
制御盤の
設計と製作

佐藤 一郎 [著]
Sato Ichiro

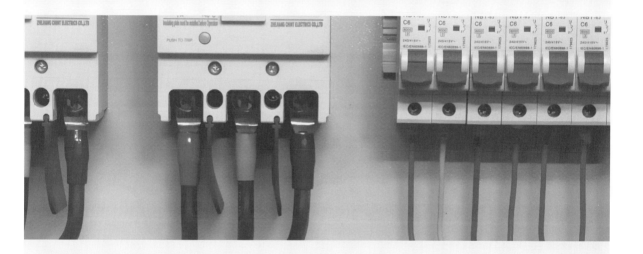

Ohmsha

まえがき

　制御盤の設計や製作に関する多くの書籍は，制御盤内に組み立てられている器具の働きやシーケンス制御回路の動作の説明などについて記述されている．また，シーケンス制御回路の設計などについて述べられたものもあるが，主に回路設計等についてである．このように，実際に制御盤を組み立てるために必要な設計・製作に関して述べられている書籍は少ない．

　そこで，本書は基本的な制御盤を例に取り，実際に制御盤を設計するに際して注意すべき事項や，制御盤を製作するにあたり守らなければならない規格等で定められている"きまり"についても示した．また，制御盤を製作するにあたり，制御盤内のシーケンス制御回路を組み立てるに際して，必要な工具の種類および工具の正しい使い方，制御盤の加工方法，器具の取付け方，制御用機器や器具への配線の方法，および配線の処理など基本的な工作方法について示した．

　また，制御用機器や器具端子への配線方法の種類や配線の端末処理，器具端子への接続については，配線の端子接続やはんだ付け接続などについては正しい作業を行うための手順や評価について示した．このほか，電子部品のプリント基板への取付けおよびはんだ付け，ケーブル配線におけるケーブルの加工方法や端末の処理等についても，具体的な図を用いて作業手順を示した．

　本書は，制御盤の設計・製作に関する基礎知識，基本作業等について図を多く用い，かつ内容については具体的に詳細に細部にわたって示した．しかし，ここで述べた工具の使い方や組立の手順等については，読者に理解しやすいように述べたため，実際に企業等で行われている手順等とは異なっている場合があるかもしれない．したがって，工具の使い方や組立の手順等については，ここで述べられていることを参考にして読者自身が工夫し，より良い手法を考えることが大切であると思われる．

　信頼性のある制御盤を製作するには基本作業をしっかりと身に付けて，正しく工具を使用し，定められた手順により規格等で定められているきまりを守り，正しい作業を行うことにより，より信頼性の高い制御盤を設計・製作することができることと思われる．制御盤の設計や製作に関する知識の修得のために本書が少しでもお役に立つことができれば幸いである．

　本書の執筆にあたってはJIS，JEM等の多くの規格や資料を参考にさせて頂いた．また，関係方面から写真等を提供して頂いた．本書の刊行に際しては編集，校正にご尽力を頂いた（株）日本理工出版会の方々に感謝する次第である．

2000年9月

著者しるす

目　　次

第1章　制御盤の役割とその構成

第2章　制御盤の組立に関する決まり

第3章　制御盤の加工法

第4章　制御盤への器具の取付け

第5章　制御盤内の配線方法

第6章　制御盤内の配線の手順

第7章　はんだ付け

第8章　電子回路の組立と配線

制御盤の役割とその構成

　大辞林によると，制御盤とは「機械・装置の遠隔操作などにおいて，制御用の計器類・スイッチ類を 1 か所に集中した盤」と定義されている．このように制御盤は装置の自動化のために広く産業界において用いられている．しかし，最近の技術の進歩に伴って監視，制御および保護方式が高度化するにつれ，制御盤の構成はさらに複雑となり，その信頼性が求められている．制御盤の信頼性を高めるためには正しい作業により制御盤を組み立てる必要がある．

　そこで第 1 章では，複雑なシーケンス制御回路が組み込まれた制御盤ではなく，装置や機械等駆動用として一般に多く用いられている三相誘導電動機を制御する基本的なシーケンス制御回路を組み立てた制御盤を例に取り，これらの制御盤内にシーケンス制御回路を組み立てる上で必要とする基礎的な知識および基本作業について示す．また，実際に制御盤を組み立てる上で必要とされる制御盤組立に関する決まりや作業手順等の基本的な事項について述べる．

1・1　制御盤内のレイアウトの手順

　制御盤を組み立てるに際して，制御盤内にシーケンス制御回路を組み立てるために使用される器具等の配置の良否が，盤内配線の行いやすさや，またメンテナンスを行うに際してメンテナンスの行いやすさに関連してくる．近年，盤内に PC（プログラマブルコントローラ）が組み込まれ始めた．したがって，制御盤内には主回路や操作回路および電子回路等の多くの回路が混在し，ノイズ対策や接地等についての多くの問題がある．制御盤内に器具のレイアウトを行うに際しては，このようなさまざまな問題を考慮に入れて器具等のレイアウトを行わなければならない．

　制御盤を製作するためには，まず，仕様書に記載されている内容を十分に理解し，もし不明な点があればよく調べてから制御盤の製作に入らなければならない．仕様書には制御盤の用途，特性，要求条件などが明確に，しかも詳細に書かれている．したがって，仕様書に記載されている事項は，ユーザが制御盤を使用するにあたって欠かすことがで

きない重要な事項が記載されている.

　仕様書に書かれている内容の一例として，例えば，制御盤を据え付ける場所に合わせて，制御盤への電源の接続を行う電源用の端子台の位置や，制御盤から負荷回路への接続を行う負荷用の端子台の位置，また同じ機能の制御盤と併用して使用する場合などでは，操作用のつまみやスイッチの位置および表示灯などの色や取付け位置が同じとなるように，それぞれの操作用のつまみやスイッチの取付け位置や色が仕様書で指定されている.

　このように仕様書に記載されている事項は，ユーザにとっては必要かつ欠かせない重要なものである.したがって，制御盤を組み立てている作業者の勝手な判断により，器具や部品等の取付け位置を変更したり，また操作用のつまみやスイッチの取付け位置や色などを変更してはならない.必ず，仕様書に記載されている事項を最優先して作業を行わなければならない.

　もし，仕様書通りに器具や部品を取り付けようとしても，他の器具や部品に当たり，指定された位置に器具や部品が取り付けられない場合には，必ず，ユーザに連絡して，協議した上で取付け位置などの変更を行い勝手に作業者の考えで変更してはならない.

　また，仕様書に記載されていない操作用スイッチのつまみの色や取付け箇所や表示灯の色などについては，作業者の各自の判断で勝手に行わず，必ず，JIS（日本工業規格）や JEM（日本電機工業会標準規格）等に定められている規定に従って作業を行う必要がある.

1・2　制御盤内のレイアウト

　制御盤内には配線用遮断器，電磁開閉器，電磁接触器，補助継電器，タイマ，電子部品，操作用ボタンスイッチ，表示灯および端子台などの数多くの器具や部品が使用されている.これらの器具や部品などを盤内にいかに配置するかが重要である.

　いわゆる制御盤内の器具や部品のレイアウトが，その製品価値を左右する大きな要素となっている.また，盤内の器具や部品のレイアウトの良否によって，作業性やメンテナンスの行いやすさなどにも関連してくる重要なものである.

　大規模な制御盤であれば，専門の多くの人達によってあらゆる面に対しての検討が加えられて完成された図面に従って制御盤が組み立てられている.しかし，小規模な制御盤であれば盤内のレイアウトについては，制御盤を組み立てる人達に任される場合が多い.そこで，ここでは小規模な制御盤を組み立てるにあたって，盤内のレイアウトを行うための考え方やその方法などについて述べる.

　小規模な制御盤とはいえ，組み立てようとする制御盤に対する仕様書があれば，まず仕様書に従って指定された位置に，指定された器具や部品等の配置を行う.この場合，

先にも述べたように作業者が自分の考えや都合によって勝手にその位置を変えてはならない．必ず指定された場所には指定された器具や部品を取り付ける．もし，取付け位置などが仕様書に指定されていない場合には，JIS や JEM に定められている事項を守り，次に示す順序に従って盤内のレイアウトを行っていく．

1・3　制御盤内の表面のレイアウト

　制御盤のレイアウトは，まず，制御盤の表面に取り付ける器具や部品から始める．これらの器具や部品は，主として制御盤の操作を行うためのものが多い．したがって，仕様書に取付け位置が指定されている場合には，必ず指定されている位置に器具や部品を配置する．また，取付け位置が仕様書に指定されていない場合には，制御回路の操作手順に従って器具や部品の配置を行う．

　一般に操作手順は左側から右側に向かって行われている．したがって，操作手順に従って器具や部品も左側から右側に向かって取り付けて行く．また，精密な調整を要するものや頻繁に使用されるものは右手で操作することができる位置に取り付ける．制御盤の動作の状態などを表示する表示灯などは，つまみやハンドルなどを操作する場合に，手の動作の邪魔にならない位置，すなわち制御盤の上部に配置されている．

　操作用のスイッチと表示灯などを配置する場合，操作と表示との関係は，それぞれ対応させて上下または左右に対応した位置に配置する．これらの配置が仕様書で指定されていない場合には，次に述べる制御盤組立に関する決まりに従って器具などの配置を行っていく．

　制御盤表面のレイアウトは，以上に示した注意事項を守りながら，全体のバランスと調和をはかり，器具や部品を左右および上下が対称となる位置に配置することが好ましい．特に，スイッチの高さについては**図 1-1** に示すように JEM（日本電機工業会標準規格）で定められている．

　実際に制御盤を加工する場合には，まず制御盤表面に取り付けられる器具および部品を仮付けでも良いから，実際に器具や部品を制御盤に取り付けてから，制御盤内面のレイアウトに入るように作業を進めて行く．

1・4　制御盤内面のレイアウト

　制御盤表面のレイアウトが終わると，次に制御盤内面のレイアウトに入る．これは制御盤表面に器具や部品などが配置されているため，これらの器具や部品および取付け用のねじなどを避けて，制御盤の内面に取り付ける器具や部品の配置を行うためである．

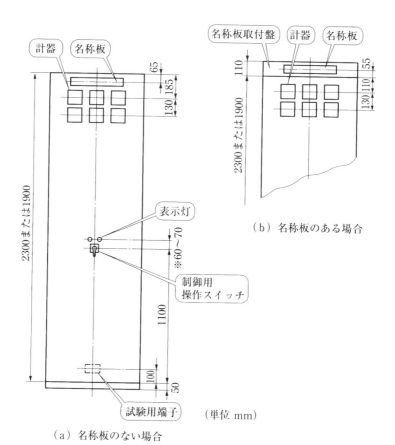

（a）名称板のない場合

（b）名称板のある場合

（単位 mm）

備考　1.　上図における計器は，110 mm 角の場合を示す.
　　　2.　※印を付した寸法は，制御用操作スイッチおよび表示灯の形状寸
　　　　　法により，上記の寸法の範囲内で適宜選定するものとする.

図 1-1　制御盤盤面器具取け付寸法の一例（JEM-1169 より抜粋）

　制御盤内面のレイアウトも，仕様書により取り付ける器具や部品の配置が定められている場合には，まず仕様書に従って器具や部品の配置を行う．もし，仕様書に器具や部品の配置に関する指定がない場合には，次に示す順序で制御盤内面のレイアウトに入る.

　最初に電源および負荷など制御盤の外部に配線を接続するための端子台の位置を定める．電源からの電源用端子は，制御盤に接続される電源の位置，例えばフロアダクト配線またはフロア配線により電源が供給される場合には制御盤の下部に，また天井に配置されている金属ダクト等から電源が供給される場合には，電源用端子台は制御盤の上部に配置する.

　また，出力用の端子台や制御盤の外部から制御盤の動作を制御するための制御回路も電源回路と同様に，制御盤に接続される配線の位置に従って端子台の配置を行う.

　制御盤の入出力回路への端子台の配置が終わると，次は主回路の用いられる器具や部品の配置を行う．これらの器具や部品の配置は，主回路の配線が短くなるように配置す

る．しかし，主回路に用いられている器具で，例えば電磁開閉器や電磁接触器などには大きな値の負荷電流が流れている回路の開閉を行っている．このような大電流の開閉を行うため接点が消耗したり損傷する場合がある．このような故障が生じた場合には接点を交換して使用する場合が多い．

　したがって，このような接点の交換作業などのメンテナンスを行うためにも，主回路に使用されている器具や部品の配置は，制御盤組立後のメンテナンスが容易に行うことができるように，その位置には十分に注意してレイアウトを行う必要がある．

　また，操作回路に使用される器具や部品についても，できればシーケンス制御回路が動作する順に器具や部品を配置し，器具や部品の配置が全体的に見て，調和とバランスが取れ，外観上も美しく安定感のある配置となるようにする．特に，近年では電子回路を用いたPC（プログラマブルコントローラ）も制御盤内に組み込まれるようになってきた．電子回路は外部からのノイズ等の影響を受けないように主回路から離して取り付け，接地線等も別々に配線してノイズなどによる影響を受けないように注意してレイアウトを行う．

第 **2** 章

制御盤の組立に関する決まり

　制御盤を組み立てるには第1章で述べたように，まず仕様書があれば仕様書に従って器具や部品の配置を行って制御盤を組み立てる．仕様書に記載されていない事項については，ある決まりに従って制御盤が組み立てられている．

　この決まりは，JIS（日本工業規格），JEM（日本電機工業会標準規格）などにより定められている．このほか，工作機械の電気装置に関してはMAS（日本工作機械工業規格）がある．第2章では制御盤を組み立てるに際して必要と思われる規格や決まりについて述べる．

2・1　制御盤およびその取付け器具の色彩 (JEM 1135)

　制御盤の色彩は，環境との調和と，制御盤の操作や監視を行う人達に対して，なるべく落ち着いた色彩で，暖かみと柔和な感じのする明るい黄味明灰色が用いられている．これらの色彩に関する規定は，JEMでは**表2-1**に示す制御盤およびその取付け器具の色彩で定められている．

2・2　配電盤・制御盤の構造および寸法 (JEM 1459)

　配電盤・制御盤の構造および寸法では，**図2-1**に示すような鋼板製デスク形，コントロールデスク形およびベンチ形制御盤の寸法について規定されている．ここでは，鋼板製制御盤に器具や部品を取り付けるために加工を行う鋼板の厚さについて述べる．

　鋼板製制御盤に使用される鋼板の厚さは，2.3 mmまたは3.2 mmの鋼板が使用されている．ただし，制御盤の側板（一枚板を含む）については1.6 mmであっても良い．この理由は，機械的強度があれば軽量であることが望ましく，このために側板は1.6 mmの鋼板を使用しても良いと定められている．

表 2-1　制御盤およびその取付け器具の色彩（JEM 1135 より抜粋）

色　彩　を　施　す　箇　所			色　彩（マンセル値）[(1)]
盤	盤（チャンネルベースを含む）の表面および内面	屋　内　用	5 Y 7/1
		屋　外　用	
	内部パネルの表面および裏面		
	盤内収納の機器のフレーム・カバーなどの金属露出部[(2)]		
盤表面取付け器具など	計器・継電器など，盤表面に現れる器具のふち枠[(3)]		N 1.5
	開閉器・操作器などの取っ手	一　般　用	
		非常停止用	7.5 R 4.5/14
	銘　板[(4)]　材質が金属の場合		銀白地[(5)]に黒文字
	材質が合成樹脂の場合		白地に黒文字
	模擬母線		JEM 1136（配電盤用模擬母線）の規定による．

注(1)　マンセル値は JIS Z 8721（三属性による色の表示方法）の規定による．
　　(2)　金属露出部とは，めっき部分および不錆金属材料の部分を除いた金属部分のことで，防錆のため塗装する必要がある部分をいう．
　　(3)　表面積が大きいことにより N 1.5 では目立ち過ぎると判断される場合は，5 Y 7/1 とする．
　　(4)　注意銘板・取扱説明用の銘板など，特殊なものはこの規定によらなくてよい．
　　(5)　銀白地とは，一般に銀梨地と称しているもののほか，写真焼付の地板（黄色味を帯びたものも含む）・ヘアライン仕上げなどの総称である．

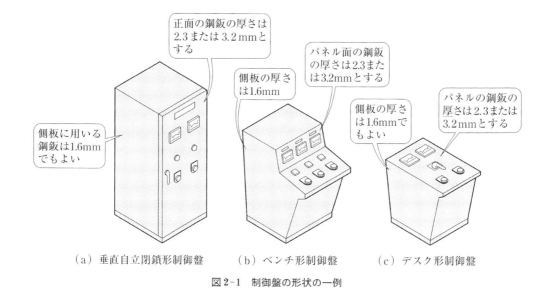

（a）垂直自立閉鎖形制御盤　　　（b）ベンチ形制御盤　　　（c）デスク形制御盤

図 2-1　制御盤の形状の一例

2・3　制御盤の盤内低圧配電用電線の種類と色別（JEM 1122）

　制御盤に使用される盤内低圧配線用電線の種類と色別については JEM 1122 に定められている．この規格は，制御盤内で，交流 600 V，直流 750 V 以下の電気回路に使用される電線について適用される．

1 絶縁電線の種類

制御盤内の低圧電路に使用される絶縁電線は，600V ビニル絶縁電線（IV）（JIS C 3307）または電気機器用ビニル絶縁電線（KIV）（JIS C 3316）を用いることが JEM によ

表 2-2 600 V ビニル絶縁電線の許容電流（JIS B 6015 より抜粋）

公 称断面積〔mm²〕	導体径〔mm〕	周囲温度 40 ℃の場合の許容電流〔A〕								器具用ビニルコード露 出配 線
		600 V ビニル電線および電気機器用ビニル電線								
		露 出配 線	同一管内に収める電線数							
			3以下	4	5〜6	7〜15	16〜40	41〜60	61以上	
0.2	—	1.6	1.1	1.0	0.9	0.8	0.7	0.6	0.5	—
0.3		2.5	1.8	1.6	1.4	1.2	1.1	1.0	0.9	
0.5		4.1	2.9	2.6	2.3	2.0	1.8	1.6	1.4	
0.75	—	5.7	4	3.6	3.2	2.9	2.6	2.2	1.9	5.7
0.9		14	9	9	8	7	6	5.4	4.7	—
1.25		15	10	10	8	7	6	6	5.3	10
2	—	22	16	14	12	10	9	8	7	14
3.5		30	21	19	16	15	13	12	10	19
5.5		40	28	25	22	20	17	15	13	28
8	—	50	35	31	28	25	21	19	17	
14		72	51	45	40	35	31	28	24	
22		94	66	59	53	46	40	37	32	
30	—	114	79	71	64	56	49	44	39	
38		133	93	84	75	65	57	52	45	
50		156	109	98	87	76	67	61	53	
60	—	178	125	112	100	87	76	69	61	
80		210	148	133	118	103	90	82	72	
100		244	171	154	137	120	105	95	83	
125	—	282	197	177	157	138	121	110	96	
150		324	226	204	181	157	139	126	110	
200		383	267	242	216	189	165	150	132	
250	—	456	319	287	255	223	196	178	155	
325		533	373	336	299	261	230	208	182	
400		611	426	385	342	299	263	238	208	
500	—	690	484	435	387	338	297	250	226	—
—	1	13	9	8	7	6	5.6	5.3	4.5	
	1.2	16	10	10	8	7	6	6	5.3	
	1.6	22	16	14	12	10	9	8	7	
—	2	29	20	18	16	14	12	11	10	
	2.6	39	27	25	22	19	17	15	13	
	3.2	51	35	32	29	25	22	20	17	
—	4	66	—	—	—	—	—	—	—	
	5	88								

備考 中性線，接地線および制御回路の電線には適用しない．

り規定されている．また，これらの絶縁電線の許容電流の値については，工作機械の電気装置（JIS B 6015）により**表2-2**に示す値が定められている．

2 **絶縁電線の太さと絶縁被覆の色別**

　制御盤内の電気回路の配線に用いられる絶縁電線の太さと絶縁電線の絶縁被覆の色別については，JEM 1122 により制御盤内の電気回路の種別により定められている．

　制御盤内の電気回路の配線に用いる絶縁電線の断面積の値は，主回路では制御する負荷の値によって電線の太さを定めている．また，制御回路の配線に使用する絶縁電線の断面積は，原則として $1.25\,\mathrm{mm}^2$，計器用変成器の二次回路に使用する絶縁電線の断面積は，原則として $2\,\mathrm{mm}^2$ とされている．

　ただし，絶縁電線の電流容量，電圧降下などに支障をきたさず電気回路の保護協調がとれれば，これらの値よりも細い絶縁電線を使用しても良い．また，制御盤内の接地線に使用する絶縁電線の断面積は，原則として $2\,\mathrm{mm}^2$ と定められている．次に，制御盤内の各回路に使用する絶縁電線の決まりについて述べる．

(1)　主回路に使用する 600 V ビニル絶縁電線

　制御盤内の主回路に使用する 600 V ビニル絶縁電線については，**図2-2**に示すように

- 600 V ビニル絶縁電線（IV），または電気機器配線用ビニル絶縁電線（KIV）を用いる．
- 絶縁電線の絶縁被覆の色は黄色を使用する．
- 特殊電線としてブチルゴム絶縁電線を使用してもよい．
- ブチルゴム絶縁電線を使用する場合には，絶縁電線の絶縁被覆の色は黒色を用いてもよい．
- 絶縁電線の太さは，負荷の容量に適した太さの絶縁電線を使用する．
- 主回路の電気回路の配線にはより線を用い，単線は作業性が悪いため使用しない方が

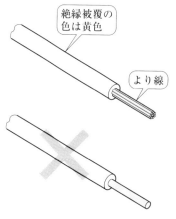

- 600 V ビニル絶縁電線（IV）または電気機器配線用ビニル絶縁電線（KIV）を用いる．
- 絶縁被覆の色が黄色の電線を使用する．
- 特殊電線としてブチルゴム絶縁電線を使用してもよい．
- ブチルゴム絶縁電線を使用する場合は，絶縁被覆の色は黒色を用いてもよい．
- 電線の太さは負荷の容量により異なる．
- 主回路には作業性が悪いため，単線を使用しない方がよい．

図2-2　主回路に使用する 600 V ビニル絶縁電線

よい.

（2）　制御回路に使用する 600 V ビニル絶縁電線

　制御盤内の制御回路に使用する 600 V ビニル絶縁電線については，**図2-3** に示すように，

- 600 V ビニル絶縁電線（IV），または電気機器配線用ビニル絶縁電線（KIV）を用いる.
- 絶縁電線の絶縁被覆の色は黄色を使用する.
- 特殊電線としてブチルゴム絶縁電線を使用してもよい.
- ブチルゴム絶縁電線を使用する場合には，絶縁電線の絶縁被覆の色は黒色を用いてもよい.
- 絶縁電線の太さは，原則として 1.25 mm² の電線を用いる. 電気回路の保護協調がとれれば，これよりも細い絶縁電線を使用してもよい.
- 制御回路の配線に使用する絶縁電線はより線を用い，単線は使用することはできない.

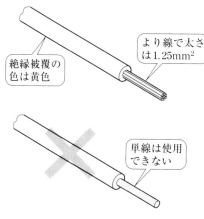

- 600 V ビニル絶縁電線（IV）または電気機器配線用ビニル絶縁電線（KIV）を用いる.
- 絶縁被覆の色が黄色の電線を使用する.
- 特殊電線としてブチルゴム絶縁電線を使用してもよい.
- ブチルゴム絶縁電線を使用する場合は，絶縁被覆の色は黒色を用いてもよい.
- 電線の太さは原則として，1.25 mm² の電線を用いる. 保護協調がとれれば，これより細い電線を使用してもよい.
- 制御回路の配線用電線に単線を使用することはできない.

（図中）より線で太さは1.25mm²　絶縁被覆の色は黄色　単線は使用できない

図 2-3　制御回路に使用する 600 V ビニル絶縁電線

（3）　計器用変成器の二次側の回路に使用する 600 V ビニル絶縁電線

　制御盤内の計器用変成器の二次回路に使用する 600 V ビニル絶縁電線については，**図2-4** に示すように，

- 600 V ビニル絶縁電線（IV），または電気機器配線用ビニル絶縁電線（KIV）を用いる.
- 絶縁電線の絶縁被覆の色は黄色を使用する.
- 特殊電線として，ブチルゴム絶縁電線を使用してもよい.
- ブチルゴム絶縁電線を使用する場合には，絶縁電線の絶縁被覆の色は黒色を用いてもよい.
- 絶縁電線の太さは，原則として 2.0 mm² の電線を用いる. 電気回路の保護協調がとれれば，これよりも細い絶縁電線を使用してもよい.

• 計器用変成器の二次回路の配線に使用する絶縁電線はより線を用い，単線は使用することはできない．

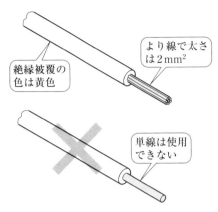

• 600 V ビニル絶縁電線（IV）または電気機器配線用ビニル絶縁電線（KIV）を用いる．
• 絶縁被覆の色が黄色の電線を使用する．
• 特殊電線としてブチルゴム絶縁電線を使用してもよい．
• ブチルゴム絶縁電線を使用する場合は，絶縁被覆の色は黒色を用いてもよい．
• 電線の太さは原則として，2 mm² を用いる．保護協調がとれればこれより細い電線を使用してもよい．
• 計器用変成器の二次回路の配線には単線を使用することはできない．

図 2-4 計器用変成器の二次回路に使用する 600 V ビニル絶縁電線

（4） 制御盤内の接地用電線に使用する 600 V ビニル絶縁電線

制御盤内の接地用電線として使用する 600 V ビニル絶縁電線については，**図 2-5** に示すように，

• 600V ビニル絶縁電線（IV），または電気機器配線用ビニル絶縁電線（KIV）を用いる．
• 絶縁電線の絶縁被覆の色は緑色を使用する．
• 絶縁電線の太さは 2.0 mm² 以上の絶縁電線を使用する．
• 制御盤内の配線用の絶縁電線にはより線を用い，単線は使用することはできない．また，接地用の配線用電線で注意することは，接地線は盤内での電線の太さは 2.0 mm² 以上の電線を使用しなければならない．

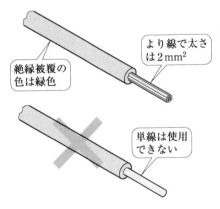

• 600 V ビニル絶縁電線（IV）または電気機器配線用絶縁電線（KIV）を用いる．
• 絶縁被覆の色が緑色の電線を使用する．
• 電線の太さは 2 mm² 以上の太さの絶縁電線を使用する．
• 盤内接地線用電線には単線は使用することはできない．

図 2-5 盤内接地用配線に使用する 600 V ビニル絶縁電線

3 その他の絶縁電線の色別（JIS B 6015）

JEM で定められている絶縁電線の被覆の色別とは別に，JIS では保護接地線（PE）お

および中性線（N）の用いる絶縁電線の絶縁被覆の色について定められている．

（1）　保護接地線

- 保護接地線は，形，位置，刻印または色によって容易に識別できなければならない．色によって識別する場合には，緑/黄（緑と黄の2色の組合せ）でなければならない．
- 保護接地線が単心の絶縁電線の場合には，全長にわたって緑/黄の識別を行わなければならない．
- 緑/黄による識別を保護接地線以外の電力回路に使用してはならない．

（2）　中性線

- 電力回路の中性線は，形，位置，刻印または色によって容易に識別できるようにしなければならない．色によって識別する場合には，薄い青が望ましい．
- 電力回路に中性線が含まれている場合は，青を中性線以外の電力回路に使用してはならない．

と定められている．

　動力用電源回路で電源電圧の値が 440 V の三相4線式の電気回路で中性線を使用する場合，安全のために制御盤内の操作回路に加える電圧を，電源側電線と中性線とから得る場合が多い．このような回路では絶縁電線の絶縁被覆の色に注意して操作回路への配線を行わなければならない．

4　シールド電線の色別

　制御盤の内部にも半導体素子を用いた電子回路が組み込まれることが多くなった．これに伴い電気回路の配線にシールド電線が使用されるようになってきた．このシールド電線の絶縁被覆の色別およびシールド電線の外装（シース）の色別については，**図 2-6**に示すように定められている．

- シールド電線が単心の場合には，絶縁電線の絶縁被覆の色は黒色である．
- シールド電線が2心の場合には，絶縁電線の絶縁被覆の色は黒色と白色である．
- シールド電線の絶縁用の外装（シース）をかぶせる場合には，外装の色は灰色とする．
- 電線の心線にはより線を用い，電線の断面積には $0.65\,\mathrm{mm^2}$，$0.9\,\mathrm{mm^2}$ および $1.2\,\mathrm{mm^2}$ のものがある．

2・4　交流の相，直流の極性による器具および導体の配置と色別（JEM 1134）

　この標準規格は，制御盤における交流の相および直流の極性によって，器具や端子台

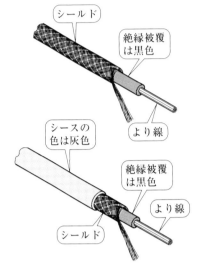

・絶縁電線の絶縁被覆の色は黒色

・シールド電線の外装（シース）の色は灰色
・絶縁電線の絶縁被覆の色は黒色
・電線の素線（0.18 mm）はより線
・電線の断面積には 0.65 mm², 0.9 mm² および 1.2 mm² のものがある.

(a)　単心の場合

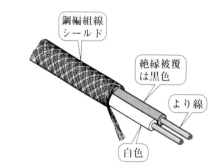

・2心の場合の絶縁被覆は黒色と白色
・電線の素線（0.18 mm）をより合わしている.
・電線の断面積には 0.65 mm², 0.9 mm² および 1.2 mm² のものがある.

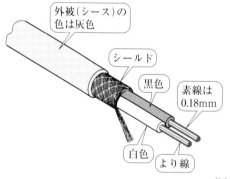

・外被（シース）の色は灰色
・絶縁電線の絶縁被覆は黒色と白色
・電線はより線を用い, 断面積は 0.65 mm², 0.9 mm² および 1.2 mm² のものがある.

(b)　2心の場合
図2-6　シールド電線

に接続される導体の配置や色別を規定している. 制御盤の盤面上に取り付けられている器具または試験用端子の配置においては, それぞれの監視面に向かって, 主回路の配線は, 各回路部分における主な開閉器の操作側, またはこれに準ずる側から見て, その配置が規定されている.

つぎに, これらの配置および色別について具体的に述べる.

1　三相回路

　交流回路で，特に三相交流回路では相回転の方向が重要である．制御盤における器具および導体の相順による配列は，JEM 1134 により定められている．その配列は，主回路の配線では各回路部分における主な開閉器の操作側またはこれに準ずる側からみて，

- （1）　左右の場合：左側から第1相，第2相，第3相，中性相
- （2）　上下の場合：上側から第1相，第2相，第3相，中性相
- （3）　遠近の場合：近いほうから第1相，第2相，第3相，中性相

となるように配列する．この場合，三相交流の相は，第1相，第2相，第3相の順に相回転するものとする．相の配列の例として**図2-7**に示すように，端子台，電磁開閉器およびコンセントへの三相交流回路の配線を相順を間違えないように接続を行う．

　このように三相交流回路においては相順をはっきりとさせておく必要がある．この理由は，三相誘導電動機を運転する場合，三相交流回路の相の順序が電動機の回転方向に関係するからである．したがって，三相交流回路の相順は必ず規定されているとおりに配列しなければならない．

　交流電動機に加える三相電源の相順と電動機の回転方向は JIS C 4004 に定められている．いま，電源の相回転を L_1（R），L_2（S），L_3（T）とし，三相誘導電動機の端子 U（T_1），V（T_2），W（T_3）に，それぞれ R-U，S-V，T-W と電源端子からの配線を負荷端子に接続して三相誘導電動機を運転すると，三相誘導電動機（可逆電動機は除く）の回転方向は，特に指定のない場合には，**図2-8**に示すように電動機の連結側の反対側からみて時計方向に回転するのが標準とされている．

　このように三相電源回路の相順（相回転）と，制御盤の電源用端子 L_1, L_2, L_3（R, S, T）および電動機の負荷端子 U, V, W（T_1, T_2, T_3）の相順（相回転）は，必ず一致させておかなければならない．

　制御盤に用いられている器具および導体または配線端部の色別は，**表2-3**に示すように L_1（R）相は赤，L_2（S）相は白，L_3（T）相は青と定められている．しかし，制御盤では器具および配線端部は，必ずしも全部が色別されているわけではない．

　器具や導体で色別を必要とするものは，主回路，計器用変成器の VT（PT）や CT の二次回路，相順や極性によって動作方向が変わる機器の制御回路に使用されている器具や導体である．色別は，導体や配線端部に電気絶縁用ポリ塩化ビニル粘着テープ（ビニル絶縁テープ）などを用いて色別の表示を行っている．

　また，工作機械の電気装置（JIS B 6015）では，電源接続および接地線接続のための端子は，**表2-4**に示すように表示することが定められている．このほか，負荷端子の表示については**表2-5**に示すような記号が用いられている．

　以上示したように，三相交流回路においては相順が記号や色別により定められている．したがって，制御盤内の配線を行う場合には配線端部の色別や端子記号に十分注意して

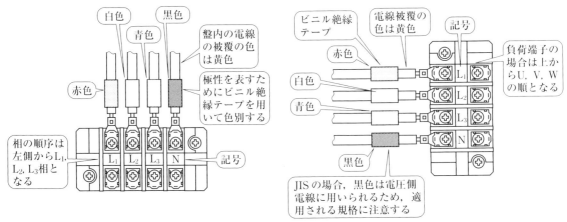

白色　黒色

青色

赤色

盤内の電線の被覆の色は黄色

極性を表すためにビニル絶縁テープを用いて色別する

相の順序は左側からL₁, L₂, L₃相となる

記号

・端子台を左右に用いた場合

ビニル絶縁テープ

電線被覆の色は黄色

記号

赤色

白色

青色

黒色

負荷端子の場合は上からU, V, Wの順となる

JIS の場合，黒色は電圧側電線に用いられるため，適用される規格に注意する

・端子台を上下に用いた場合

（a）端子台における相の配列

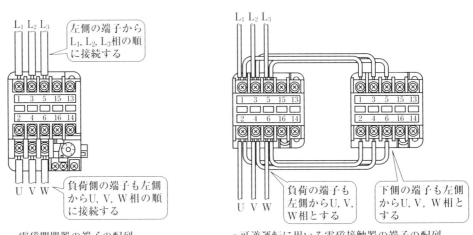

左側の端子からL₁, L₂, L₃相の順に接続する

負荷側の端子も左側からU, V, W相の順に接続する

・電磁開閉器の端子の配列

負荷の端子も左側からU, V, W相とする

下側の端子も左側からU, V, W相とする

・可逆運転に用いる電磁接触器の端子の配列

（b）電磁開閉器，電磁接触器の端子の相の配列

L₁（U）相

L₃（W）相

接地側電線

L₂（V）相

差込プラグはコンセントの相に合わせて配線する

L₂（V）相

L₁（U）相

L₃（W）相

差込プラグはコンセントの相に合わせて配線する

E極　接地極

（c）コンセントの相の配列

図 2-7　三相交流回路の相の配列

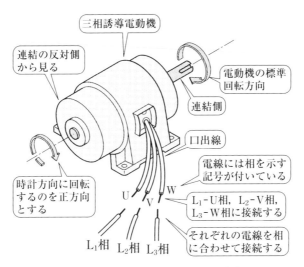

図2-8　三相誘導電動機の標準回転方向

表2-3　三相回路の器具および導体または配線端部の色別
(JEM 1134 より抜粋)

相　順	器具および導体または配線端部の色別
第1相	赤色
第2相	白色
第3相	青色
零相および中性相	黒色

表2-4　電線接続および接地線接続の端子記号（JIS B 6015 より抜粋）

(a)　交流電源接続用端子の相順と記号

交流電源端子	記　号
第1相	L_1
第2相	L_2
第3相	L_3
中性相	N

(b)　接地端子の種類と記号および電線被覆の色別

接地端子	記号	色　別
保護接地端子	PE	緑/黄色，やむを得ない場合は緑
接地	E	
ノイズレス（クリーン）アース	TE	
中性相	N	薄い青

表2-5　負荷端子の記号

交流電源端子	記　号
第1相	$U\,(T_1)$
第2相	$V\,(T_2)$
第3相	$W\,(T_3)$

器具や端子への配線を行わなければならない．

2 単相交流回路

　単相回路についても JEM 1134 により，相による導体の配列と色別について定められている．その相による導体の配列と色別については，次に示すように定められている．

　（1）　左右の場合：左側から第1相，中性相，第2相

　（2）　上下の場合：上側から第1相，中性相，第2相

　（3）　遠近の場合：近いほうから第1相，中性相，第2相

となるように配列する．また，器具および導体の配線端部の色別は，**表2-6**に示すように定められている．このように単相回路が三相回路から分岐した単相交流回路においては分岐前の色別による．

　しかし，ここで示した JEM で定められている単相交流回路の色別は，制御盤や配電盤で用いられている単相3線式回路の色別とは異なっている．この原因は，制御盤や配電盤に使用されている電線の色別は，JIS により**表2-7**に示す色別が用いられているためである．

表2-6　単相交流回路の器具および導体または配線端部の色別（JEM 1134 より抜粋）

相　順	色　別
第1相	赤　色
中性相	黒　色
第2相	青　色

表2-7　単相3線式交流回路の器具および導体または配線端部の色別

相　順	色　別	記　号
第1相	黒　色	L_1
中性相	白　色	N
第2相	赤　色	L_2

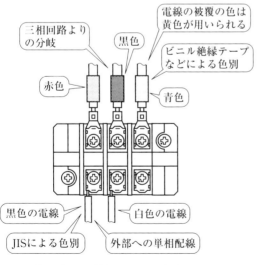

・三相回路より分岐して用いる場合

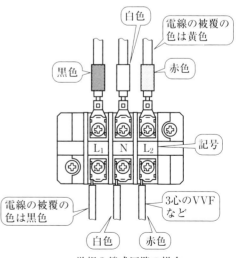

・単相3線式回路の場合

図2-9　単相回路の相の配列

　JISでは，表2-7に示したように，「接地線および接地端子の色は緑とし，接地側電線および接地側端子の色は白色とする」と，JIS C 0602により電線の色別について定められている．したがって，単相3線式交流回路における中性線は接地されている接地側電線となり，電線の絶縁被覆の色は黒色ではなく白色となる．電線の絶縁被覆の色が黒色は，JISでは電圧側電線の被覆の色とされている．

　このように適用する規格によって相の色別が異なっている．したがって，どの規格を適用するのかを注意し，使用する規格を混用して使用しないように注意しなければならない．単相交流回路に使用する端子台や器具端子への配列および配線端部の導体の色別を図2-9に示す．

　単相交流回路では，図2-9に示したように適用する規格，JISとJEMとでは配線端部および導体の色別が異なっている．したがって，どの規格を適用するかを間違わないように十分に注意して配線を行わなければならない．

３　直流回路の極性による器具および導体の配列と色別

　直流回路の極性による導体の配列と器具および導体の色別について定められている．主回路の導体の配列は，各回路部分における主たる開閉器の操作側またはこれに準ずる側からみて配置されている．また，主回路の導体の色別は導体の端部にビニル絶縁テープなどを用いて色別を行い，直流回路の極性を示している．

　特に，直流回路では交流回路とは異なり，極性による導体の配列が左右に配列する場合と，上下および遠近による場合とでは極性の位置が異なっている．したがって，配線や端子の極性の位置が左右に配列する場合と，上下に配列する場合とでは異なってくるため十分に注意して配列しなければならない．直流回路の極性の配列は，

（1）　左右の場合：左側から負極（−），正極（＋）
（2）　上下の場合：上側から正極（＋），負極（−）
（3）　遠近の場合：近いほうから正極（＋），負極（−）

となる．また，器具および導体の色別については，表2-8に示すように正極（＋）では赤色，負極（−）では青色と定められている．

表2-8　直流回路の極性による器具および導体
の配置と色別（JEM 1134より抜粋）

極　性	色　別	記　号
正　極	赤色	P
負　極	青色	N

　しかし，直流回路に使用されている端子などの色別では，正極（＋）に赤色，負極（−）に黒色の端子を使用したり，また，左右に端子を配列する場合，端子の配列を左側に正極（＋），右側に負極（−）を配列しているのをよく見かける．規格では左右に配列する

場合には，必ず左側には負極（−）で，端子には青色の端子を用いる．また，右側の端子は正極（＋）で，端子には赤色の端子を用いる．これらの直流回路の極性による器具および導体の配列と色別について**図 2-10** に示す．

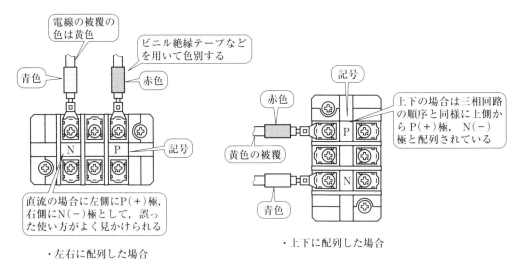

図 2-10　直流回路の相の配置と色別

2・5　電動機制御用操作スイッチのボタンの色別，文字およびその配列（JEM 1100）

　産業用の制御盤で，電動機制御用操作スイッチのボタンの色別，文字およびその配列には，ある決まりにより統一しておかなければ，使用上危険であったり，また不便をきたす．したがって，仕様書に操作スイッチのボタンの色や，その配列についての記載がなければ，JEM 1100 の規定に従ってボタンの色別，文字およびその配列を行い，使用上の安全からも統一をはかっておかなければならない．

▊1 色　　別
　制御用ボタンスイッチの色別については，次に示すように用途と色別とが定められている．

（1）　停止を目的とするボタン
　原則として次の 3 種類とし，いずれも赤色とする．

・非常停止用のボタン

・急停止用のボタン

・停止用のボタン

　停止を目的とするボタン以外の色別は，低圧箱開閉器（JIS C 8326）によると，例えば始動またはON を目的としたものは，「緑色または赤色以外の色を用いるように」となっている．したがって，始動を目的とするボタンの色には緑色が使用されている．また，制御用ボタンスイッチのボタンの色の種類には**表2-9**に示すような種類のものがある．

表 2-9　制御用ボタンスイッチのボタンの色の種類　　（JIS C 4521 より抜粋）

透明・不透明の別	色　　　別										適　用
	黒	赤	黄赤（だいだい）	黄	緑	灰色	青	白	茶色	無色	
不　透　明	○	○	○	○	○	○	○	○	○	－	照光ボタンスイッチ以外のもの
半　透　明	－	○	○	○	○	－	○	○	－	－	照光ボタンスイッチ
透　　明	－	○	○	○	○	－	○	－	－	○	

(2)　停止を目的とする2個以上のボタンの併置

2個以上のボタンを使用する場合には，次に示すいずれかの方法によるものとする．

（a）　ボタンの形状または寸法を違えることにより，**図2-11**に示すように非常停止用，急停止用または停止用のいずれであるかを明確に区別できるようにする．

（a）2個の場合　　　　　　　　　　（b）3個の場合

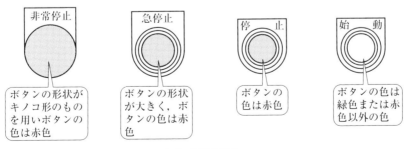

（c）4個の場合

図 2-11　制御用ボタンスイッチのボタンの配列，形状および色別

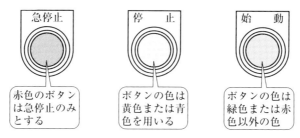

（a）急停止用と停止用のボタンの色別

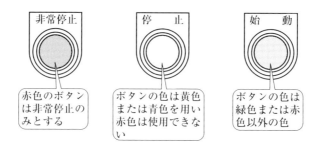

（b）非常停止用と停止用のボタンの色別

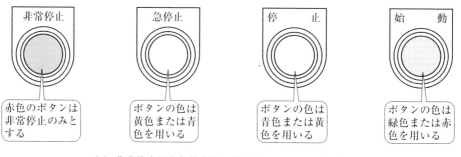

（c）非常停止用と急停止用，停止用のボタンの色別

図2-12　制御用ボタンスイッチのボタンが同形状，同寸法の場合の色別

　（b）　2個以上の停止用のボタンの形状および寸法を同じとする場合については，次に示すようにする．この制御用ボタンスイッチのボタンの形状と色別の一例を**図2-12**に示す．

・停止用と急停止用とが同形状，同寸法のボタンの場合は，急停止用だけを赤色とし，停止用を赤としてはならない．

・停止用と非常停止用とが同形状，同寸法のボタンの場合は，非常停止用だけを赤色とし，停止用を赤としてはならない．

・急停止用と非常停止用とが同形状，同寸法のボタンの場合は，非常停止用だけを赤色

とし，急停止用を赤としてはならない．

以上，示したようにボタンの形状および寸法が同じ場合，ボタンの色別について示されている．

2　記入文字

制御用ボタンスイッチのボタンに文字を記入する場合には，原則として**表2-10**に示す文字を用いて左横書きで表すものとする．

表2-10　制御用ボタンスイッチへの記入文字

（JEM 1100 より抜粋）

使用目的	文字*			使用目的	文字*		
始　　動	入	動	始動	非常停止	非常停止		
停　　止	切	止	停止	寸　　動	寸　動		
運　　転	運　転			駆動される機	正転	正	正転
急　停　止	急　停　止			械の動作制御	逆転	逆	逆転

＊文字の組合せは，原則として縦の列の中から選んで組み合わせるものとする．例えば，始動用と停止用ボタンについて示すと，始動用を「入」とする場合には，停止用は「切」を用い，始動用を「動」とする場合には，停止用は「止」を用い，また，始動用を「始動」とする場合には，停止用は「停止」を用い，これらのいずれかの場合で表す．

3　配　　列

制御用ボタンスイッチを配列して使用する場合，縦配列および横配列の3個までのボタンの配列順序は，原則として**図2-13**および**表2-11**に示すとおりとする．

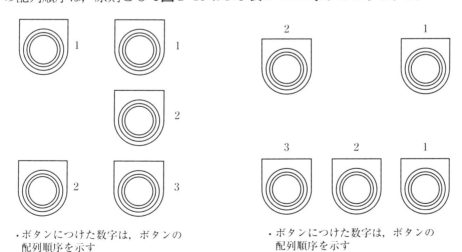

・ボタンにつけた数字は，ボタンの配列順序を示す

（a）縦に配列した場合

・ボタンにつけた数字は，ボタンの配列順序を示す

（b）横に配列した場合

図2-13　制御用ボタンスイッチの配列順序

　表 2-11 において，文字の組合せは，原則として縦の列の中から選んで組み合わせるものとする．例えば，始動用と停止用のボタンについて示すと，始動用を「入」とする場合には，停止用は「切」を用い，また，始動用を「始動」とする場合には，停止用は「停止」を用いる．

　以上の規格は，一般工業用の電動機を対象として規定されているものである．しかし，一般に使用されている産業用の装置や機器についても適用されている．

表 2-11　制御用ボタンスイッチの配列順序

ボタンの配列順序	1	2	3
文　　字	入	切	
	動	止	
	始　動	停　止	
	始　動	停　止	急停止
	始　動	寸　動	停　止
	正　転	逆　転	停　止

備考：表中の文字は一例を示す．

2·6　表　示　灯（JEM 1248）

　表示灯は，交流 600 V または直流 250 V 以下の電気回路に使用するもので，主として制御盤に取り付けて使用するものについて規定されている．ここでいう表示灯は，グローブ，電球，受金およびこれらを保持するきょう（筐）体で構成され，電球の点滅により回路の状態を表示するものである．

■1　表示灯の種類

　表示灯には，**図 2-14** に示すように変圧器付き表示灯，抵抗器付き表示灯および全電圧表示灯がある．定格使用電圧は，表示灯に適用する電圧をいい，温度上昇および電球の寿命により定まる値とし，原則として**表 2-12** に示す値となる．

　なお，抵抗器付きおよび全電圧式のものは，220 V を超過する電気回路には使用しない．特に，抵抗器付き表示灯の抵抗器の表面温度は，相当な高温になるため，配線は表示灯の抵抗器から極力離れたところを通すように注意して配線を行う．また，変圧器付き表示灯の変圧器の定格二次電圧は，原則として 5.5 V，15 V または 20 V とする．

　グローブの色は赤，青，緑，黄赤（だいだい），黄，白および無色透明の 7 色がある．この色による用途の別は規定されていないが，慣用として次のように使い分けられている．

・赤色（RD）：運転中，開閉器の閉路，バルブの開，注意，故障
・青色（BU）：開閉器の閉路

・変圧器付き表示灯　　　・抵抗器付き表示灯　　　・全電圧式表示灯

（a）　工業用表示灯の外観

SL ← 表示灯を表す機器記号

・シンボル

SL RD ← グローブの色を表す機能記号

RD －赤色　　YE－黄色
GN －緑色　　BU－青色
WH－白色

・色を明示したい場合の記号

＜系列1による図記号＞

IN ← 光源は白熱電球が使用されている

Ne－ネオン　　　　IN －白熱
Xe－キセノン　　　EL －エレクトロ
Na－ナトリウム　　　　　ルミネセンス
Hg－水銀　　　　　ARC－アーク
I －よう素　　　　FL －けい光
　　　　　　　　　IR －赤外
　　　　　　　　　UV－紫外

・工業用表示灯のシンボル

SL

・シンボル

SL GL

RL －赤色　　YL－黄色
GL －緑色　　BL－青色
WL－白色

・色を明示したい場合の記号

＜系列2による図記号＞

（b）　工業用表示灯のシンボル

図 2-14　工業用表示灯

表 2-12　工業用表示灯の定格使用電圧

（単位：V）

交流・直流の別	定 格 使 用 電 圧
交　　　　流	5　6　12　18　24　50　100　110　200　220　400　440
直　　　　流	5　6　12　18　24　48　100　110　200　220

・変圧器定格二次電圧

（単位：V）

変圧器定格二次電圧
5.5　15　20

- 緑色（GN）：休止中，開閉器の開路，バルブの閉，安全，復帰
- 黄赤色（OG）：運転，注意
- 黄色（YE）：故障
- 白色（WH）：運転，注意，故障
- 無色透明（TC*）：地絡相表示，その他

② 表示灯の取付け位置

　表示灯は，操作スイッチと対応した位置に取り付ける．複数の操作用スイッチがある場合，操作手順に合わせて配列する．その配列の一例を**図 2-15** に示す．

＊ JIS では（TC）と定められているが（CL）が用いられることもある．

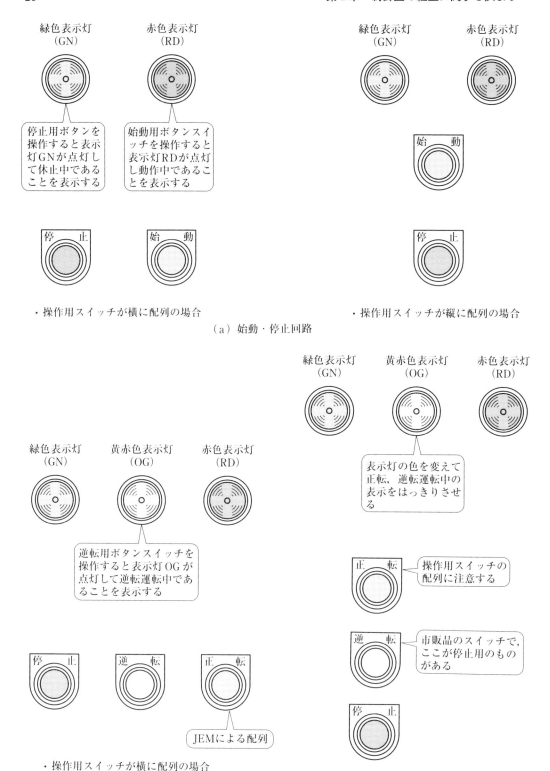

・操作用スイッチが横に配列の場合

・操作用スイッチが縦に配列の場合

（a）始動・停止回路

・操作用スイッチが横に配列の場合

・操作用スイッチが縦に配列の場合

（b）可逆運転回路

図 2-15 　 工業用表示灯と制御用ボタンスイッチの配列の例

2·7　制御盤内の配線方式 (JEM 1132)

　制御盤の裏面配線およびこれに準ずる配線は，ダクト配線方式または束配線方式による．このほか，クリート配線方式もあったが，1968 年に JEM 1132 の改訂の際，削除され現在では使用されていない．

1　ダクト配線方式

　ダクト配線方式は，電線を配線用ダクト内に収納した配線方式をいう．この方式は，配線がダクト内に収納されるため，外部からの電線損傷の危険性は少なく，また，外観も整然としており，作業性の良い配線方式である．現在では，ほとんどがこの方式を用いている．ダクト配線に用いられているダクトの一例を図 2-16 に示す．

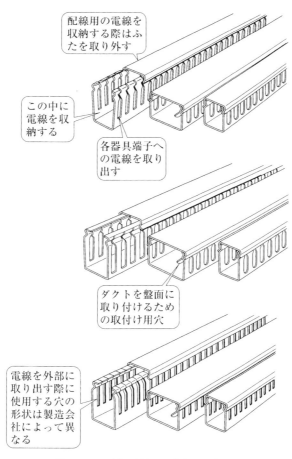

配線用の電線を収納する際はふたを取り外す

この中に電線を収納する

各器具端子への電線を取り出す

ダクトを盤面に取り付けるための取付け用穴

電線を外部に取り出す際に使用する穴の形状は製造会社によって異なる

図 2-16　配線用ダクトの種類の一例

2　束配線方式

　一方，束配線方式は，あらかじめ成形した束線により配線を行ったり，また配線が終

わってから，電線を束線用のひも，または結束バンドにより束ねたりしている．この方式は，電線数が少ない場合や配線する場所が制約される場合などに適した配線方式である．したがって，簡単な制御盤などにこの束配線方式がよく用いられている．束配線では，**図2-17**に示すような電線を束ねるための結束バンドが多く用いられている．このほか，**図2-18**に示すようにビニル束線ひもやロー引きの麻糸などを用いて電線を束ねる場合がある．

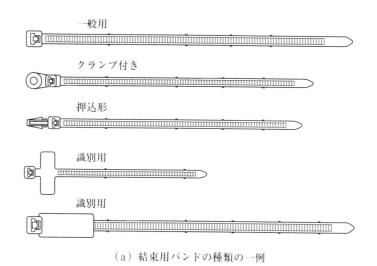

（a）結束用バンドの種類の一例

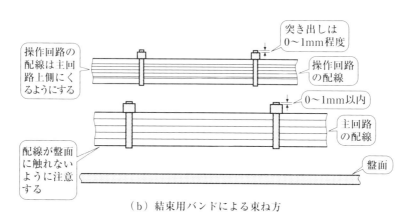

（b）結束用バンドによる束ね方

図2-17　結束用バンドによる束配線

3 配線上の注意

制御盤の配線を行う際に注意することは，主回路と制御回路の配線を器具などの端子直前を除き，互いに接触させてはならないことである．したがって，主回路および制御回路はそれぞれ別々に配線を行わなければならない．

例えば，ダクト配線の場合には，別々のダクトを用いたり，ダクト配線と束配線にし

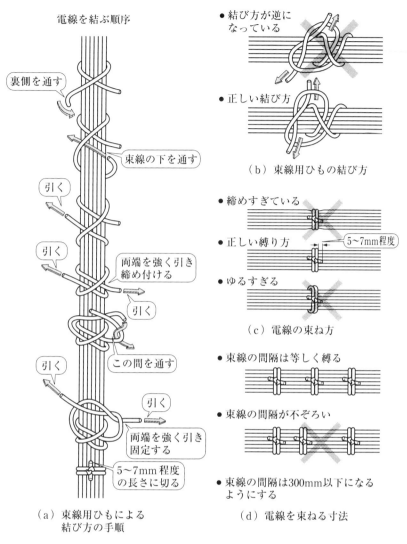

電線を結ぶ順序

裏側を通す

束線の下を通す

引く

引く

両端を強く引き締め付ける

引く

引く

この間を通す

引く

引く

両端を強く引き固定する

5〜7mm程度の長さに切る

（a）束線用ひもによる結び方の手順

● 結び方が逆になっている

● 正しい結び方

（b）束線用ひもの結び方

● 締めすぎている

● 正しい縛り方　　5〜7mm程度

● ゆるすぎる

（c）電線の束ね方

● 束線の間隔は等しく縛る

● 束線の間隔が不ぞろい

● 束線の間隔は300mm以下になるようにする

（d）電線を束ねる寸法

図2-18　束線用ひもによる束配線

たりしている．また，束配線の場合にはそれぞれの配線を別束となるようにして配線を行っている．なお，制御盤内の接地線は，主回路と同じダクトまたは同じ束にして束配線としてはならない．接地線は単独で配線する．もし，接地線の配線が長くなるようであれば制御回路と同じダクトに入れるか，制御回路の束配線と一緒に束ねて配線する．

　制御盤内の配線の分岐や中継は，必ず端子台において行わなければならない．器具などのあいている端子を用いて分岐や電線の中継を行ってはならない．

　また，配線の途中での接続はダクト内または束配線内でいかなる方法によっても電線の接続は行ってはならない．必ず中継用の端子を用いて配線の中継や分岐接続を行わなければならない．

制御盤の加工法

制御盤内にシーケンス制御回路を組み立てるための器具や部品を取り付ける場合，仕様書により，これらの器具や部品の取付け位置が指定されている場合がある．このように，仕様書で器具や部品の取付け位置が指定されている場合には，まず，指定されている器具や部品の取付け位置の寸法から測定を始め，器具取付け用の穴をあけなければならない．

また，器具や部品の取付け位置が指定されていない場合には，シーケンス制御回路に使用する器具や部品等を取り付ける位置のレイアウトを行い，位置が決まってから器具取付け用の穴あけ加工に入る．第3章では，シーケンス制御回路を組み立てるために器具を取り付けるための穴あけなど，制御盤の加工法について述べる．

3・1　寸法の測り方とけがき方

まず，仕様書により制御盤に取り付ける器具や部品などの取り付ける位置が定められている場合，最初に指定されている器具や部品の取付け位置の寸法測定を行い，けがき作業に入る．

寸法の測定は制御盤の定められている基準面から測定を行う．例えば，**図 3-1** に示すようなコントロールボックス内にシーケンス制御回路を組み立てる場合には，寸法を測定する基準面が制御盤の左側と上部にある．したがって，器具や部品を取り付ける位置については，この基準面から中心線を測定して中心線のけがきに入る．けがきには鉛筆を用い，塗装を傷つけないためになるべく芯のやわらかい HB や B などの鉛筆を使用する．もし，けがきを間違った場合には鉛筆でけがいているため，消しゴムでけがき線を消すことができる．

このようにけがき線を書くには定められた基準面から寸法の測定を行う．その理由は，制御盤全体の寸法は図面に記入されている．しかし，図面に記入されている寸法に対して実際に作られている制御盤や器具を取り付けるための器具取付け板には，誤差が含まれているからである．

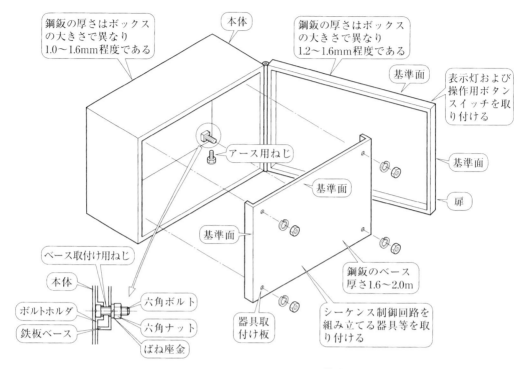

（a）コントロールボックスの構成

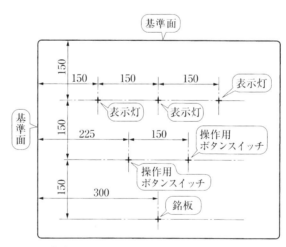

（b）コントロールボックスの扉の寸法測定

図3-1　コントロールボックスの寸法の測定とけがき方（a）（b）

　したがって，器具の取付け位置の寸法を測定するために基準面を定めず，適当にそれ
ぞれの面から寸法を測定すると，測定された取付け位置は誤差の分だけ寸法が互いにず
れてくる．

　このような事態が生じないために取付け位置の寸法を測定する場合には，必ず，測定

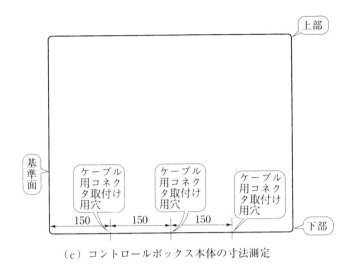

（c）コントロールボックス本体の寸法測定

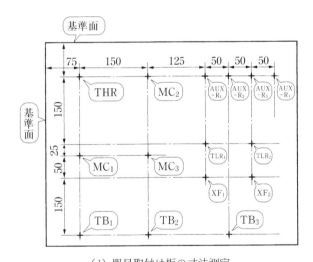

（d）器具取付け板の寸法測定

図 3-1　コントロールボックスの寸法の測定とけがき方（c）（d）

しやすい面を基準点として器具の取付け位置をこの基準面から測定を行う．

　指定された器具の取付け位置をけがく場合，特に，制御盤の表面などでは，盤面に傷が付かないように，**図 3-2** に示すように鉛筆の芯の堅さが HB か B などの鉛筆を用いて寸法線をけがく．

　寸法の測定に鋼製のスケールを使用する場合，スケールを移動させる際にスケールで盤面をこすると盤面に傷を付ける恐れがある．したがって，スケールを移動させる際には，必ず，スケールを持ち上げて盤面より離して移動させるように心掛ける．

　盤に取り付ける器具や部品の取付け位置の中心の位置をけがき終わると，次に，盤に器具を取り付けるために器具の取付け用のねじの穴の位置のけがきに入る．例えば，**図**

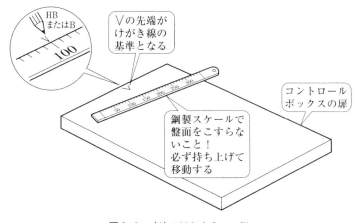

HB
またはB

100

∨の先端が
けがき線の
基準となる

鋼製スケールで
盤面をこすらな
いこと！
必ず持ち上げて
移動する

コントロール
ボックスの扉

図3-2　寸法のけがき方の一例

3-3 に示すように，器具や銘板などの取付け用の穴の位置のけがきは，まず，ノギスな
どを用いて器具の台の部分や銘板の寸法を測定し，器具や銘板の中心に鉛筆などを用い
て印を付ける．

　器具や銘板の中心に印を付けたら，盤面にけがいた寸法線の上に器具や銘板の中心線
が合うように器具や銘板を置き，鉛筆などを用いて取付け用の穴の位置をけがく．もし，
器具の台の厚さが厚く，鉛筆の芯が板面に届かなかったり，穴に鉛筆が入らなかったり
した場合，ノギスを用いて器具の取付け用の穴の位置を測定し，ノギスを用いて盤上に
直接穴をあける位置をけがく．

　穴あけ位置が決まると，**図3-4** に示すように鉛筆を用いて穴をあける位置を○で囲
み，使用するドリルの寸法を記入して置く．

　以上のけがき作業が終わると，もう一度，盤に取り付ける器具を，けがいた取付け位
置に置き，器具の向き，取付け用の穴の位置，あける穴の大きさなどに間違いがないか
を確認する．特に，ソケットを使用する器具では，実際に使用する器具をソケットに差
し込み，器具の向きが正しいかを確かめておく必要がある．

　間違いがないことを確認して，次に，**図3-5** に示す穴あけ位置にポンチを打つ．ポ
ンチを打つに際しての注意としては，ポンチを握っている手の爪が盤面に触れないよう
にポンチを持つ．特に，小指の爪が盤面に触れていたりすると，ハンマでポンチをたた
いた際に，爪で盤面の塗装に傷を付ける恐れがある．また，ポンチは一度で打つように
する．

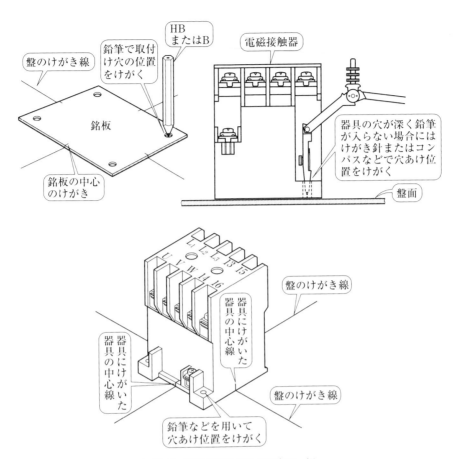

図 3-3 穴あけ位置のけがき方の一例

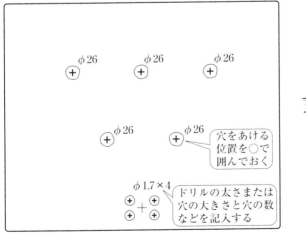

図 3-4 コントロールボックス扉の穴あけ位置と穴あけ寸法の
記入の一例

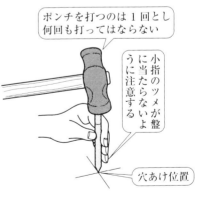

図 3-5 ポンチの打ち方

3・2　穴あけ加工

　器具や部品などを盤面や器具取付け板などに取り付ける場合，器具や部品をねじで取り付けるために，ねじによる取付け用の穴をあけなければならない．取付け用の穴は電気ドリルを用いて穴あけを行う．穴あけ作業を行う際には，安全のために必ず保護眼鏡をかけてから穴あけ作業に入る．

１　ボルトの穴径

　器具や部品を取り付けるために使用するボルトは，直径8mm以下のボルトを用いる．また，直径8mm以下のボルトを小ねじと呼んでいる．器具や部品を取り付けるための小ねじ用の穴径の寸法は，JIS B 1001で示されている．これらの寸法については**図3-6**に示す．

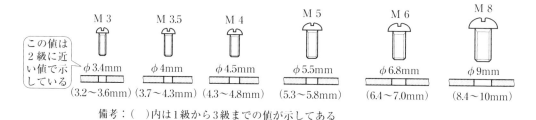

M3　　　M3.5　　　M4　　　　M5　　　　M6　　　　M8

この値は2級に近い値で示している

φ3.4mm　　φ4mm　　φ4.5mm　　φ5.5mm　　φ6.8mm　　φ9mm

(3.2〜3.6mm)　(3.7〜4.3mm)　(4.3〜4.8mm)　(5.3〜5.8mm)　(6.4〜7.0mm)　(8.4〜10mm)

備考：（　）内は1級から3級までの値が示してある

図3-6　ねじの呼び径とねじ穴の径

　図3-6に示した値は，使用するドリルの寸法に合わせてJISの2級に近い値を選んでいる．参考までに（　）内にJISで示されている1級から3級までのボルト穴径の寸法を示す．

２　電気ドリルによる穴あけ作業

　電気ドリルのチャックに指定された寸法のドリルを取り付ける．次に，このドリルの刃先をポンチした箇所に当てる．電気ドリルを**図3-7**に示すように，片手で電気ドリルを支え，もう一方の手で電気ドリルのチャックの部分を2〜3回まわしてみて，ドリルの刃先がポンチしてある位置からずれていないことを確かめる．

　ポンチした穴にドリルの刃先が入っていることが確認できたら，図3-7に示したように，両手で電気ドリルを押さえて電源スイッチを入れる．電気ドリルが回転を始めたらドリルの音や切り粉の立ち上がり方を見ながら，電気ドリルを押さえる力を強めたり弱めたりしながら穴をあけて行く．

　ドリルの刃先が盤や板を貫通すると電気ドリルの音が変わってくる．したがって，ドリルの音には十分に注意して，ドリルの刃先が盤や板を貫通したときにドリルに加えて

いる力を抜いて，電気ドリルのチャックの部分で盤や器具取付け板に傷を付けないように十分に注意して穴あけ作業を行う．

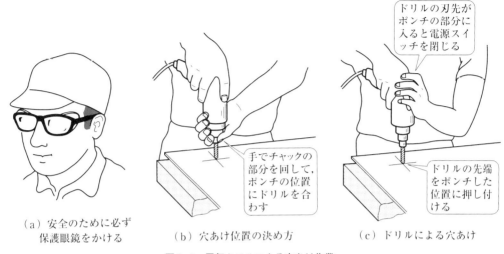

（a）安全のために必ず　　　　　　　　　　（b）穴あけ位置の決め方　　　　　（c）ドリルによる穴あけ
　　保護眼鏡をかける

図3-7　電気ドリルによる穴あけ作業

3　バリ取り作業

　器具や部品を取り付けるための穴あけ作業が終わると，あけた穴のバリ取り作業にはいる．ドリルによる穴あけ作業であけた穴に生じたバリを取るには，**図3-8**に示すように，ねじの呼び径に対応するドリルを電気ドリルのチャックに取り付ける．

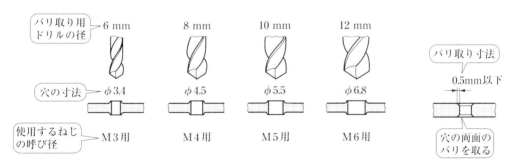

図3-8　ねじの穴径とバリ取り用ドリルの径

　バリ取りは，穴あけ作業とは異なり，電気ドリルに取り付けたドリルの刃先を，バリの出ている箇所に当てずに，電気ドリルのスイッチを入れる．ドリルが回転を始めると，電気ドリルのスイッチを切り，**図3-9**に示すように電気ドリルが惰性で回転している状態にして，ドリルの刃先をバリの出ている穴に当ててバリ取りを行う．バリ取りを行うに際して，ドリルの刃先をバリを取る穴に当てた状態では，絶対に電気ドリルのスイッチを入れてはならない．

　以上の穴あけ作業およびバリ取り作業が終わったら，必ず，小ぼうきで切り粉を払い，穴あけもれがないかを点検する．穴あけやバリ取りのもれがなければ，鉛筆でけがいたけがき線などを消しゴムを用いて消す．

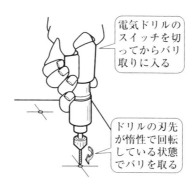

電気ドリルの
スイッチを切
ってからバリ
取りに入る

ドリルの刃先
が惰性で回転
している状態
でバリを取る

図3-9　電気ドリルによるバリ取り

3・3　計器や器具用の取付け用の穴あけ加工

　計器や表示灯および操作用ボタンスイッチなどを取り付けるための，比較的大きな穴をあける場合の，穴あけの加工法について述べる．

■1　ホールソーによる穴あけ作業

　表示灯や操作用ボタンスイッチなどを取り付けるための穴は，**図3-10**に示すように，ホールソーを用いて穴をあけることができる．ホールソーは鋼板用のものを使用する．

シャンク

この部分で大きな
穴をあける

ドリルの刃先

図3-10　ホールソーの外観

　ホールソーには，12 mmから100 mmまでのものがあり，ほぼ1.0 mm間隔の穴径のホールソーがある．ホールソーを用いて穴をあけるには，必要とする寸法のホールソーを電気ドリルに取り付け，ポンチされた穴あけを行う箇所にホールソーの刃先を当てる．
　ホールソーの刃先をポンチされた部分に当て，片手で電気ドリルを支え，もう一方の手で電気ドリルのチャックの部分を回してみて，ホールソーの刃先がポンチした位置か

らずれていないことを確かめる.

　ドリルの刃先がポンチした位置にあることを確かめてから，電気ドリルの電源スイッチを閉じる．まず，ホールソーのドリルにより穴をあけ，図3-11 に示すようにホールソーの刃が当たり始めたら，電気ドリルを少し傾けながら回して，ホールソーの刃全体が盤に接触しないように電気ドリルを回しながら盤の穴あけを行う.

図3-11　ホールソーによる穴あけ作業

　電気ドリルを傾けずに，ホールソーの刃全体が盤に当たった状態で穴あけを行うと，ホールソーの刃が盤に食い込み，電気ドリルに過負荷が加わり，電気ドリルの回転トルクが不足して，電気ドリルが止まってしまう場合がある．したがって，電気ドリルを傾けながらホールソーの刃の一部で盤に穴をあけて行くように電気ドリルを回しながら穴あけを行う.

2　ミシン穴あけ加工

　ホールソーがない場合に，計器や表示灯および操作用スイッチなどの取付け用の穴をあけるには，ミシン穴あけ加工により大きな穴をあけることができる．ミシン穴あけ加工をするには，まず，あけようとする穴をけがかなければならない．けがき方は，図3-12 に示すように，器具の穴の大きさより1 mm 程度大きくなるようにけがきを行う.

　次に，ミシン穴をあけるために用いる小さな穴をあけるための，穴あけ位置をけがく．ミシン穴あけ加工に使用するドリルの太さは，ミシン穴あけ加工する穴の大きさによって異なる．これらの関係は表3-1 に示す程度の太さのドリルを使用すればよい.

　ドリルによりミシン穴があいたら，ミシン穴の間のつながった部分を，たがねまたは強力ニッパなどを用いて切り取る．穴があいたら，まず，丸形やすりでバリ取りを行う．バリを取り終わったら半丸形やすりを用いて，最初にけがいた穴の限界線が見える程度に穴を仕上げる.

　やすりがけは，図3-13 に示すように，やすりの先端にビニル絶縁テープなどを用いてすべり止めを付ける．このようにすれば，作業中にやすりの先端が穴から外れて盤面を傷つける恐れが少なくなる.

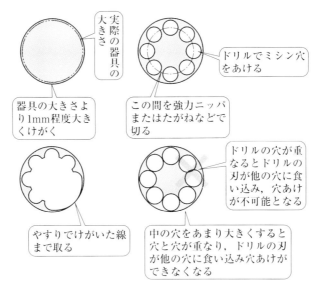

図3-12　ミシン穴あけ加工

表3-1　ミシン穴あけ加工の穴の大きさとドリルの太さ

穴 の 大 き さ	15 mm	20 mm	25 mm	30 mm
ドリルの太さ	3 mm	5 mm	6 mm	7 mm

図3-13　やすりがけ作業

3・4　タップ穴あけ加工

　盤にタップを立てる場合，ねじの呼び径とタップ用のねじの下穴径については，JIS B 1004 に定められている．ここでは，ひっかかり率が 75 ％に近い値を用いる．**図3-14** にねじの呼び径とタップ用のねじの下穴径の寸法を示す．

　盤や器具取付け板にタップを立てる場合，穴は通し穴であるため，先タップでもタップを立てることができる．タップを食い付かせるとき，右手でタップを支え，タップを下穴に垂直に当てる．次に，タップを押さえながら 2～3 回タップハンドルを回してタップを食い付かせる．

　タップが食い付いたら，タップが盤面と直角になるようにして，タップハンドルを平均した力で水平に保ちながら，3/4 回転させたら，1/4 回転もどす感じで，タップの刃先の切りくずの除去を行いながらタップ立てを行っていく．

　特に細いタップを用いる場合は，回りにくいのに無理にタップを回すと，タップが折れる恐れがある．したがって，決して回りにくいタップを無理してタップを回してはならない．

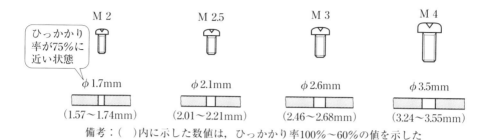

図3-14　ねじの呼びとタップ用下穴の径

3・5　その他の穴あけ作業

　盤や器具取付け用板などの比較的薄い鋼板に，直径 10 mm 以上の穴をあける場合，いきなり大きな径のドリルを用いて穴をあけると，穴の形状が三角形になって，きれいな円形の穴とならない場合が多い．

　したがって，大きな径の穴をあけるには，まず，下穴を小さな径のドリルを用いて穴をあけ，その後，大きな径のドリルを用いて穴をあける．これは，**図 3-15** に示すように，直径 10 mm 程度の穴であれば，呼び径 4 mm 程度のドリルを用いて下穴をあける．また，直径 12 mm 程度の穴であれば，呼び径 5 mm 程度のドリルを用いて下穴をあけた後で，大きな呼び径のドリルを用いて穴あけを行えばよい．

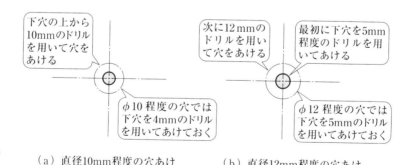

（a）直径10mm程度の穴あけ　　　（b）直径12mm程度の穴あけ

図3-15　大きな径の穴をあける場合

　また，一文字ドリル（キリ）を用いれば，大きな穴を直接あけることができる．しかし，一文字ドリル（キリ）は一般に市販されていなかったため，ドリルを加工して一文字ドリル（キリ）を自作していたが，器工具専門店で一文字ドリルの名称で市販され始めた．

　一文字ドリル（キリ）は，大きな穴をあけたり，また，アーススタッドを取り付ける

際に，盤面の塗装をはぎ取るために使用することができる．アーススタッドを取り付けるためには盤面の塗装を取らなければならない．塗装を取るために一文字ドリルを用いるには，**図3-16**に示すようにアーススタッド用のねじの呼び径が変わると，一文字ドリルの太さも変えなければならない．

（a）穴あけ用一文字ドリル　　　（b）接地端子用の塗膜を取るための一文字ドリル

図3-16　一文字ドリルの使い方

したがって，一文字ドリルの直径が 10 〜 12 mm 程度のものを準備しておけば，アーススタッドを取り付けるための盤面の塗装を除去するには，十分に間に合わせることが可能である．

3·6　タッピンねじ用の下穴あけ作業

タッピンねじはアメリカで開発され，締付けの量産性と経済性が優れていることから，各国で普及して多くの国々で使用されている．タッピンねじは，タップとねじの機能をあわせ持っているため，タッピンねじの下穴径の適否が，タッピンねじのねじ込み性と締結性に大きな影響を与える．したがって，タッピンねじを使用する場合，下穴径の選定を誤らないように注意しなければならない．

タッピンねじによるめねじの形成は，溝なしタップの場合と同じく塑性変形によるもので，ねじ山の盛り上がりに必要な逃げがないような下穴にすると，タッピンねじによるめねじの形成はできないことになる．したがって，下穴径の値に十分注意しなければならない．

タッピンねじの下穴は，平行ねじ部の形状・寸法が同じならば，とがり先（C形，1種），平先（F形，2種）の別なく共用することができる．しかし，実際に使用するに当たって個々の実体としては，下穴径，穴の形態（ドリル穴，打抜き穴，バーリング穴），タッピンねじの表面の状態，ねじ込み条件，相手側の材質・形状・厚さなどによって異なる．

したがって，下穴径および締付けトルクの設定に当たっては，実用のものについてはねじ込み特性を求め，薄板へのねじ込みに対してはめねじの破損，また，厚板へのねじ

表 3-2 板の厚さとタッピンねじの下穴径

(a) タッピンねじ AB 形および B 形の下穴径　　　　　　　　　　（単位 mm）

板の厚さ		0.4	0.6	0.8	1	1.2	1.6	2.0	2.6	3.2	4.0	5.0
呼び	2.2	1.6	1.7	1.8	1.9	1.9	1.9					
	2.9	2.1	2.2	2.3	2.4	2.5	2.5	2.6				
	3.5	2.5	2.6	2.7	2.8	2.9	3.0	3.1	3.2			
	3.9	2.9	2.9	2.9	3.0	3.1	3.2	3.4	3.5			
	4.2		3.1	3.2	3.2	3.4	3.7	3.8	3.8			
	4.8		3.6	3.6	3.7	3.8	3.9	4.1	4.3	4.5		
	5.5		4.2	4.2	4.3	4.4	4.5	4.6	4.8	4.9	5.1	5.1
	6.3				4.8	5.0	5.2	5.4	5.7	5.9	6.0	6.0

備考　AB 形および B 形は，改正 JIS の C 形および F 形に該当している．

(b) タッピンねじ（1 種）の下穴径　　（単位 mm）

板の厚さ		0.4	0.6	0.8	1.0	1.2
呼び	3	2.2	2.3	2.4	2.5	2.6
	3.5	2.5	2.6	2.7	2.8	2.9
	4	2.7	2.9	3.0	3.1	3.2
	4.5		3.3	3.4	3.5	3.6
	5		3.6	3.8	3.9	4.0
	6		4.5	4.7	4.8	4.9

(c) タッピンねじ 2 種および 4 種の下穴径　　　　　　　　　　（単位 mm）

板の厚さ		0.4	0.6	0.8	1.0	1.2	1.6	2.0	2.6	3.2	4.0	5.0
呼び	2.5	1.9	1.9	2.0	2.0	2.1	2.2					
	3	2.3	2.4	2.5	2.5	2.6	2.6	2.7				
	3.5	2.6	2.7	2.8	2.8	2.9	2.9	3.0	3.2			
	4		3.0	3.0	3.1	3.2	3.3	3.4	3.6	3.7		
	4.5		3.4	3.5	3.6	3.7	3.8	3.9	4.0	4.1	4.2	
	5			3.8	3.9	4.0	4.1	4.2	4.3	4.4	4.5	4.6
	6			4.7	4.8	4.9	5.0	5.1	5.3	5.5	5.7	5.7

(d) タッピンねじ 3 種の下穴径　　　　　　　　　　（単位 mm）

板の厚さ		1.0	1.2	1.6	2.0	2.6	3.2	4.0	5.0	10.0	16.0
呼び	M 2	1.6	1.6	1.7	1.7	1.8					
	M 2.5	2.1	2.1	2.2	2.2	2.3	2.3	2.3			
	M 3	2.5	2.5	2.5	2.6	2.7	2.7	2.7			
	M 3.5	2.9	3.0	3.0	3.1	3.1	3.2	3.2	3.2		
	M 4	3.3	3.4	3.5	3.5	3.6	3.6	3.7	3.7		
	M 4.5	3.8	3.9	3.9	4.0	4.0	4.1	4.1	4.2		
	M 5	4.3	4.3	4.4	4.5	4.6	4.6	4.6	4.7	4.7	
	M 6	5.3	5.4	5.4	5.5	5.5	5.5	5.5	5.6	5.7	5.7
	M 8	7.3	7.4	7.4	7.5	7.5	7.5	7.5	7.6	7.7	7.7

込みに対してはタッピンねじに破損が生じないようにする．それと同時に作業性も考慮する必要がある．

　以上の理由により，タッピンねじの下穴径は，板厚に対して一律的に設定することは適切ではないが，一応の目安としては，JIS では，**表3-2** に示すように，板の厚さとタッピンねじの呼び径に対する下穴径が示されている．この下穴径については，3 種用以外は「Parker Kalon」のカタログを参考にして作られたもので，鋼，ステンレス鋼，アルミニウム合金などに適用されている．

　しかし，これらの材料は，化学成分，圧延方向などによって性状が大きく異なる．したがって，ここで示した下穴径については，1 つの目安として用い，これらから選定した下穴径の適否は，実際に使用して，その実態を通して適否の判断を行うことが好ましい．

制御盤への器具の取付け

　シーケンス制御回路を組み立てるための器具や部品を，盤や器具取付け板等に取り付けるには，小ねじなどを用いて取り付けられている．第4章では，制御盤に器具を取り付ける際の注意や，小ねじを用いて器具を制御盤に取り付ける際のねじの締付けトルク値など，制御盤に器具や部品を小ねじを用いて取り付けるに際しての注意事項を述べる．

4・1　器具や部品などの取付け方向

　シーケンス制御回路に使用される器具や部品を盤面に取り付けるに際して，個々の器具および部品等の取付け方や，取付け方向および器具や部品を取り付ける間隔などについて述べる．

1　配線用遮断器の取付け

　配線用遮断器を盤面や器具取付け板に取り付けるに際して注意することは，**図4-1**に示すように正面からみて配線用遮断器の表面に記載されている定格値や製造会社名等が正しく読めるように取り付ける．

　しかし，多少の傾き（前後左右に15°以内の傾き）であれば，配線用遮断器の動作特性に問題は生じない．だが，このように傾いた状態で取り付けると商品価値は下がる．したがって，商品としての価値を高めるうえにも，配線用遮断器は曲がらないように注意して正しく垂直に取り付けるように心掛ける．

　配線用遮断器への配線は，上側の端子には電源からの配線が接続される．したがって，配線用遮断器の上側に配線を接続するための余裕がなければならない．また，負荷への配線は配線用遮断器の下側の端子に接続されるため配線を接続する余裕が必要である．このように配線用遮断器を取り付ける位置は，これらのことを考慮して取付け位置を定める．

　配線用遮断器を正しく取り付けるための場所がないからといって，配線用遮断器を横向きや上向きに取り付けたり，また，逆さまに取り付けると配線用遮断器の動作特性が

変わったり，故障の原因となるために絶対にこのような取付けを行ってはならない．

図4-1　配線用遮断器の正しい取付け方向

2　電磁開閉器・電磁接触器の取付け

　電磁開閉器や電磁接触器を盤面や器具取付け板に取り付けるに際して注意することは，電磁開閉器や電磁接触器を**図4-2**に示すように，これらの器具に記載されている定格値や製造会社名などが正しく読めるように取り付ける．

　しかし，多少の傾き（前後左右に15°以内の傾き）であれば，動作上には問題は生じない．だが，これらの器具を曲がったままで取り付けると商品価値は低下する．したがって，商品価値を高めるためにも電磁開閉器や電磁接触器は正しく垂直となるように取り付ける．

　また，電磁開閉器や電磁接触器を取り付ける場所がないからといって，これらの器具を水平面に上向きに取り付けたり，また，逆さまに取り付けると故障の原因ともなるために絶対に避けるべきである．

3　熱動継電器（サーマルリレー）の取付け

　熱動継電器を取り付ける方向は，配線用遮断器や電磁開閉器を取り付ける場合と同様に，**図4-3**に示すように熱動継電器の垂直面に記載されている定格値や数字が正しく

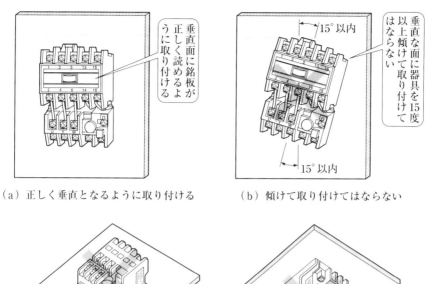

（a）正しく垂直となるように取り付ける

垂直面に銘板が正しく読めるように取り付ける

（b）傾けて取り付けてはならない

垂直な面に器具を15度以上傾けて取り付けてはならない

15°以内

15°以内

水平な盤上に器具を上向きに取り付けてはならない

（c）盤上に器具を上向きに取り付けてはならない

水平な盤に器具を下向きに取り付けてはならない

（b）盤の下側に器具を下向きに取り付けてはならない

図4-2 電磁開閉器・電磁接触器の取付け

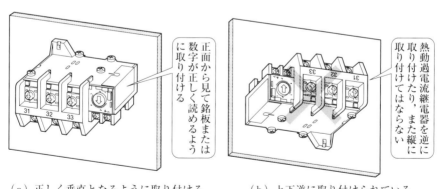

正面から見て銘板または数字が正しく読めるように取り付ける

（a）正しく垂直となるように取り付ける

熱動過電流継電器を逆に取り付けたり，また縦に取り付けてはならない

（b）上下逆に取り付けられている

図4-3 熱動継電器の取付け

読めるように取り付ける.

また，熱動継電器の傾きも電磁開閉器と同様に前後左右に15°程度までの傾きであれば動作特性に影響を与えない．しかし，熱動継電器を下向きに取り付けたり，水平に取り付けたり，また，上下を逆にして取り付けると，熱動継電器のヒートエレメントから

の熱の伝わり方が変わって動作特性が変化する．したがって，熱動継電器は取り付ける方向は正しく曲がらないように注意して取り付けなければならない．

4　補助電磁継電器の取付け

補助電磁継電器は，シーケンス制御回路の操作回路を組み立てるために使用される小型の電磁継電器である．補助電磁継電器は操作回路を流れる電流の開閉を行うため，電磁継電器本体および可動部も小型である．また，電磁開閉器とは異なり取り付ける方向は特に指定されていない．しかし，接点の移動する方向に衝撃や振動が加わらない方向に取り付けるようにする．

一般に，補助電磁継電器は**図4-4**に示すように電磁継電器に記入されている文字や数字が正しく読める方向に電磁継電器を取り付ける．ただ，注意することは，これらの電磁継電器はソケットを用いて盤に取り付ける場合が多い．したがって，ソケットに電磁継電器を取り付けた状態で，電磁継電器に記入されている文字や数字が正しく読めるように取り付ける．

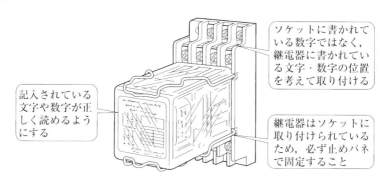

ソケットに書かれている数字ではなく，継電器に書かれている文字・数字の位置を考えて取り付ける

記入されている文字や数字が正しく読めるようにする

継電器はソケットに取り付けられているため，必ず止めバネで固定すること

図4-4　補助継電器の取付け

最近では，器具を取り付けるための穴あけ作業の省力化に伴い，これらの補助電磁継電器は，**図4-5**に示すように支持レール（DINレール）と付属品とを用いて取り付けられる場合が多くなってきた．また，電磁開閉器や電磁接触器なども支持レール（DINレール）を用いて取り付けられるようになってきた．

支持レールを使用すればレールを取り付けるための穴あけ作業だけですみ，個々の器具を取り付けるための穴あけ作業を省略することができ省力化につながる．また，それぞれの器具の取付けは，ワンタッチで支持レールに取り付けることが可能である．このため器具の取付けに支持レールを使用されることが多くなってきている．

5　限時継電器（タイマ）の取付け

限時継電器（タイマ）には，同期電動機を使用したモータタイマ，電子回路を使用した電子式タイマやディジタル式タイマおよび油圧や空気圧を使用したニューマチックタ

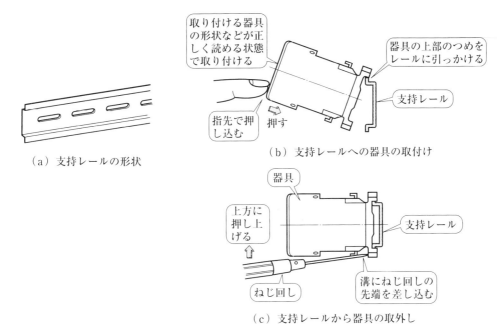

（a）支持レールの形状

（b）支持レールへの器具の取付け

（c）支持レールから器具の取外し

図4-5 支持レールによる電磁継電器の取付け

イマ等がある.

モータタイマを取り付けるに際しての注意は，モータの主軸がなるべく水平となるように取り付ける．また，電子式タイマでは取り付ける方向は指定されていないが，タイマに記入されている文字や数字が正しく読めるように取り付ける.

ニューマチックタイマは，その取付け方向が指定されている場合が多い．したがって，ニューマチックタイマは，必ず指定された方向にタイマを取り付けなければならない．もし，タイマを取り付ける方向が指定されている方向と異なると整定した時間に誤差が生じてくる恐れがある.

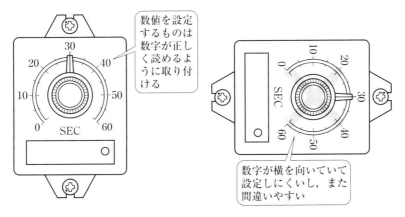

図4-6 限時継電器（タイマ）の取付け

　このように取り付ける方向が定められているタイマの種類は少ない．しかし，タイマを取り付けるに際しての注意事項としては，まず，タイマは時間の設定を行って使用する場合が多い．したがって，タイマを取り付けるには，**図4-6**に示すように，作業者や操作する作業者から見て正しくタイマの数値が読め，時間の整定が容易に行えるようにタイマを取り付けなければならない．したがって，絶対にタイマを横向きに取り付けたり，また，逆さまにタイマを取り付けたりしてはならない．

■6 ヒューズおよびヒューズホルダの取付け

　ヒューズホルダの形状は，使用するヒューズの種類によって異なっている．**図4-7**に示すプラグヒューズのヒューズホルダの端子は，電源側端子と負荷側端子とが定められている．したがって，ヒューズホルダの端子に電線を接続する際には，電源端子と負

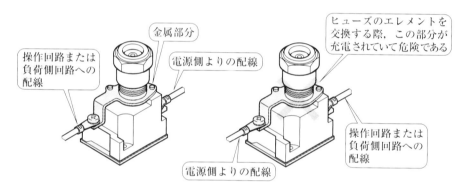

図4-7　プラグヒューズホルダへの配線

荷端子とをよく確かめてから配線の接続を行う．

　もし，電源側端子と負荷側端子とを誤って逆に接続すると，ヒューズが溶断してヒューズの交換を行うに際して誤ってヒューズホルダの金具に触れると，端子の接続を間違えているとヒューズホルダの金具は充電されている場合があり，感電する恐れが生じる．

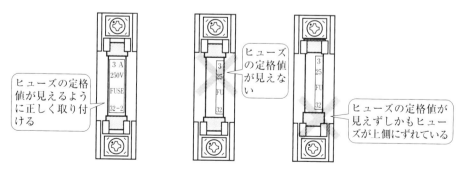

図4-8　筒形ヒューズのホルダへの取付け

したがって，ヒューズホルダの端子に配線を接続する端子を間違わないように注意する．

　また，**図4-8**に示すように，筒形ヒューズをヒューズホルダに取り付ける場合，筒形ヒューズに記入されているヒューズの定格値が正しく読めるように取り付けなければならない．

７　操作用ボタンスイッチおよび表示灯の取付け

　操作用ボタンスイッチおよび表示灯の取付けは，**図4-9**に示すようにゴムワッシャが使用されているものが多い．このゴムワッシャの役割はボタンスイッチや表示灯を盤面に取り付けるに際して，これら器具を取り付ける板の厚さに応じて使用するゴムワッシャの枚数を加減して操作用ボタンスイッチのボタンの位置などを調整し，取付け用のねじでしっかりと締め付けて器具を盤面に固定する．また，ボタンスイッチおよび表示灯を取り付けるに際して，ゴムワッシャは盤面の内側のみに使用し，盤面の表面に使用してはならない．

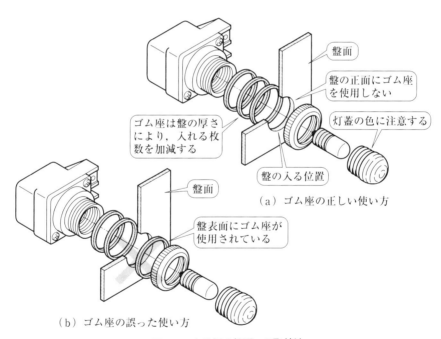

（a）ゴム座の正しい使い方

（b）ゴム座の誤った使い方

図4-9　表示灯の盤面への取付け

　操作用ボタンスイッチで，特に平ボタンスイッチでは，**図4-10**に示すように，ボタンの操作前の状態として，ガードリングとボタンの表面とが同じ高さとなるように，ゴムワッシャの枚数を調整しながら操作用ボタンスイッチのガードリングとボタンの表面とが一致するようにして取り付ける．

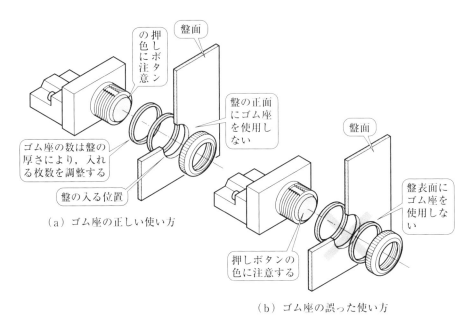

（a）ゴム座の正しい使い方　　　（b）ゴム座の誤った使い方

図4-10　操作用平ボタンスイッチの盤面への取付け

4·2　器具の取付け方

　シーケンス制御回路を組み立てるための器具や部品を，盤面や器具取付け板に取り付けるには，ねじとナットを用いて取り付けられている．ここでは，ねじとナットとを用いて器具や部品を取り付ける場合について述べる．

　器具や部品を取り付けるために使用するねじおよびナットは，原則として鋼製のものを使用する．また，器具や部品を取り付けるために使用するナットは，原則としてナットが盤表面に出ないように注意する．

　銘板やカードホルダなどの部品を取り付けるねじは，黄銅（ニッケルメッキ）ねじを用い，図4-11に示すように平座金は使用しない．また，ねじとナットを用いて器具を取り付ける場合，器具の材質により使用する平座金およびばね座金の使い方が異なってくる．

　一般に，金属と金属とを締め付ける場合，ナット側にばね座金または歯付き座金のみを用いて締付けを行う．ただし，ねじの径に対して穴の径が大きな場合や，穴が楕円形にあいているような場合には，平座金を使用する場合がある．

　また，器具がモールド製品や樹脂製品の場合には，ねじがこれらの器具に接する箇所には平座金を使用する．この取付け方法を図4-12に示す．このほか，器具が栓形ヒューズのヒューズホルダのような磁器製品の場合には，ファイバやクラフト紙製のワッシャと平座金とを用いて取り付けている．この場合，図4-13に示すように，磁器製の器具

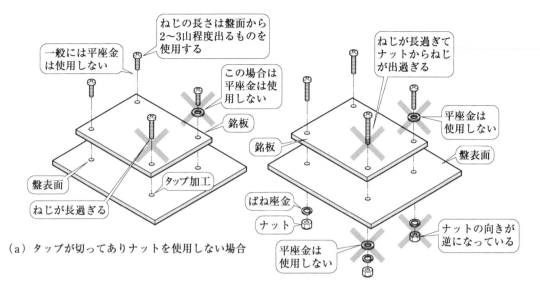

（a）タップが切ってありナットを使用しない場合

（b）ナットを使用する場合

図 4-11　銘板等の取付け

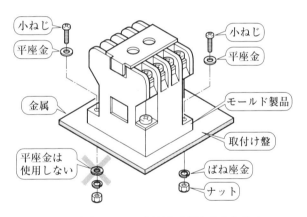

（a）モールド製品と金属とを取り付ける

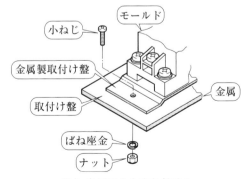

（b）金属同士を取り付ける

図 4-12　器具の盤面への取付け

と盤との間のクッションとしてクラフト紙製のクッションを入れて器具の取付けを行う場合が多い.

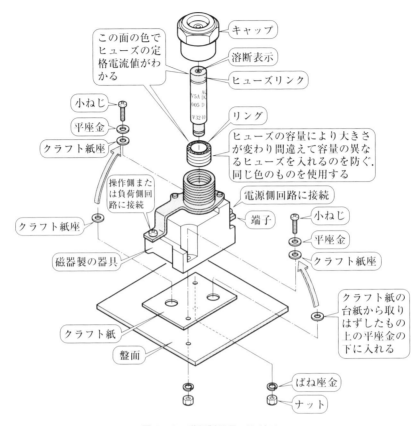

図4-13　磁器製器具の取付け

4・3　ねじの締付けトルク

　ねじを用いて器具を盤や取付け板に取り付けたり，また，電線を器具の端子に接続する場合，ねじの締付けにはねじの呼び径に適した締付けトルク値がある．ねじの締付けトルクは，ねじの呼び径やねじの材質によりその値は異なってくる．一般に使用されている締付けトルク値は，**表4-1**に示す値が使用されている．このほか，配線器具では，JIS C 8306に端子ねじの締付けトルク値が定められている．これらの締付けトルク値を**表4-2**に示す.

　電磁開閉器や電磁接触器などの端子に電線や圧着端子を接続する場合，その締付けトルク値については，これらの器具を製造している製造会社のカタログに，締付けトルクの推奨値が示されている場合が多い．したがって，締付けトルクの値が示されていれば，指定されている締付けトルクの値によりねじを締め付りればよい．しかし，これらの締

表4-1 ねじの呼び径と締付けトルク値

ねじの呼び径	締付けトルク値〔kgf·cm〕	
	黄銅ねじ	鋼製ねじ
M 2	1.3〜1.7	1.4〜1.9
M 2.5	2.9〜3.8	3.1〜4.0
M 3	4.4〜5.9	4.7〜6.3
M 3.5	7.7〜10	8.1〜11
M 4	11〜15	12〜16
M 5	22〜29	24〜31
M 6	40〜53	42〜56
M 8	96〜128	103〜137
M 10	—	205〜275

表4-2 配線器具端子のねじの締付けトルク値

端子ねじの呼び径	締付けトルク値〔kgf·cm〕
M 3	5
M 3.5	8
M 4	12
M 4.5	15
M 5	20
M 6	25
M 8	55
M 10	75

付けトルクの値は，各製造会社により多少の差がある．参考のために各製造会社で示している締付けトルクの値を**表4-3**に示す．

表4-3 電磁開閉器・電磁接触器の器具端子のねじの締付けトルク値

端子ねじの呼び径	締付けトルク値〔kgf·cm〕			
	A社	B社	C社	D社
M 3.5	12	10	8〜 9	8〜 10
M 4	15	15	10〜 13	10〜 15
M 5	26	25	20〜 25	25〜 35
M 6	45	45	30〜 35	40〜 50
M 8	80	80	90〜100	80〜100
M 10	150	150	150〜200	150〜250

　このように，ねじにはねじの呼び径や材質などによりねじに適した締付けトルクの値がある．しかも，シーケンス制御回路を組み立てるには器具を取り付けたり，また，電線を器具の端子に取り付けるために多数のねじが使用されている．したがって，これらの多くのねじが適正なトルク値で締め付けられていない場合，ちょっとしたショックや振動によりねじが緩んだり，はなはだしい場合にはねじが外れ，このねじが落下して重大な事故に波及する場合がある．

　このようにねじの締付けは，たとえ電線が接続されていない器具や端子台等の遊び端子であっても，ねじは適正な締付けトルク値で，必ずねじの締付けを行っておく必要がある．

4・4　トルクドライバ

　シーケンス制御回路を組み立てるには，器具を固定したり，また電線や圧着端子を器具の端子に取り付けるために多くのねじが用いられている．したがって，ねじの 1 本が緩んでいても大きな事故に波及する恐れがある．これらのねじの締付けには，ねじの呼び径やねじの材質などにより適正な締付けトルクの値が定められている．

　ねじを適正な締付けトルク値で締め付けるには，ねじの呼び径に適したねじ回しを使用する必要がある．また，これらのねじが適正なトルク値で締め付けられているかを知るには，**図 4-14** に示すトルクドライバがある．このトルクドライバを用いてねじを締め付ければ，トルクドライバにセットされた締付けトルクの値でねじを締め付けることができる．

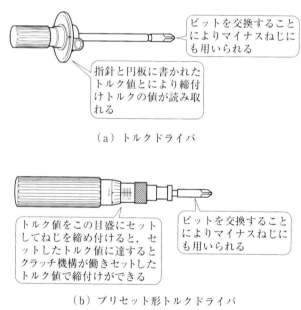

（a）トルクドライバ

（b）プリセット形トルクドライバ

図 4-14　トルクドライバ

　トルクドライバは，図 4-14 に示したように，トルクドライバの柄の下には指針と円盤とが取り付けられていて，円盤にはトルク値の目盛が付けられている．このトルクドライバを用いてねじを締め付けると指針が移動する．指針が定められたトルク値に達するまでトルクドライバを回してねじを締め付け，指針が定められた値の目盛に達すると，目盛に目盛られているトルク値でねじの締付けを行うことができる．

　また，締付けに必要なトルク値をセットしてねじを締め付けると，セットしたトルク値に締付けトルクが達するとクラッチ機構が働き，それ以上のトルク値でねじを締め付けることができない．したがって，セットしたトルク値でねじを締め付けることができ

るプリセット・トルクドライバも作られている.

このほかに, 太いボルトを締め付けるためにはトルクレンチが用いられている. トルクレンチはねじの呼び径が 8 mm 以上のボルトの締付けに使用されている. このようにトルクドライバを用いてねじの締付けを行い, ねじの呼び径に対して適正な締付けトルク値の感覚を身に付けておくと便利である.

また, 器具や端子台などで使用されていない端子のねじについても, 適正な締付けトルク値でねじを締め付けておくように心掛ける. とかく, 使用されていない端子ねじは締め忘れる場合が多い. これらのねじがなんらかの原因により緩んで外れ, 盤内に落下すると重大な事故に波及する恐れがある. したがって, 予備ねじについても忘れずに, 必ずもう一度締め忘れがないかを確認するように心掛ける.

4·5　アーススタッドの取付け

制御盤内に接地を取る場合, アーススタッドを用いて接地を取っている. アーススタッドを盤に取り付けるには, 盤面の塗装を取らなければならない. 盤面の塗装を取るには一文字キリを用いると便利である. 盤面の塗装は塗装の取りやすい方の盤面の片面のみの塗装を取ればよい.

アーススタッドにより接地を取るには, 先にも述べたように盤面の塗装を取る必要がある. 盤面の塗装を取る大きさは, **図 4-15** に示すように圧着端子またはアーススタッドに用いているナットと同じ大きさか, せいぜい大きくても圧着端子またはナットの大きさよりも 1 ～ 2 mm 程度大きく塗装を取ればよい. したがって, あまり大きく塗装を取らないように注意する.

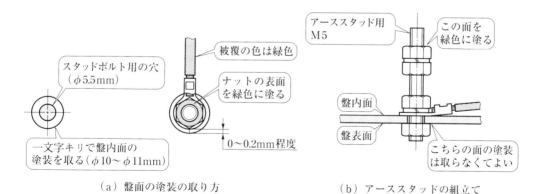

（a）盤面の塗装の取り方　　　　　　（b）アーススタッドの組立て

図 4-15　アーススタッドの取付け

アーススタッドに接続する圧着端子は, 盤の表面および内面に使用されているナットを押さえることができる場合には, **図 4-16**（a）に示すようにアーススタッドに圧着端子を取り付ければよい. また, アーススタッドに 3 本以上の接地線を接続する場合には,

図4-16（b）に示すように圧着端子を2箇所に分けて取り付ける．

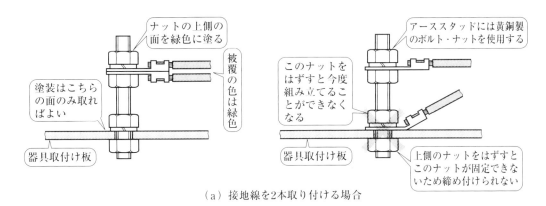

（a）接地線を2本取り付ける場合

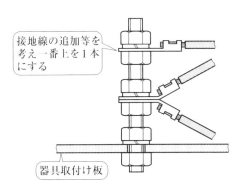

（b）接地線を3本取り付ける場合

図4-16　圧着端子のアーススタッドへの取付け

制御盤内の配線方法

　シーケンス制御回路に使用されている器具や部品の端子に，配線に用いられている電線を接続するには，電線の端部を処理する必要がある．また，電線に取り付けられている端子を器具や部品の端子に接続するには各種の接続方法がある．

　一般に，主回路および操作回路の端子への接続には，丸形裸圧着端子を使用することを原則としている．しかし，器具や部品の端子への接続が差込み接続用の端子では差込み接続を行い，また，はんだ付け用端子にははんだ付け接続とする．

　これらの端子への配線用電線の接続を正しく行うには，電線端部の処理をきちんとしておかなければならない．したがって，第5章では，配線用の電線を器具や部品の端子に接続する場合に必要な電線端部の処理の方法について述べる．

5・1　差込み接続時の注意

　シーケンス制御回路に使用されている器具で容量の値が小さな器具では，ほとんどが差込み接続端子となっている．

　電線の差込み接続は，電線の絶縁被覆を所定の長さだけはぎ取り，より線である電線の心線を軽くねじり器具端子に差し込み，取付け用のねじを用いて規定の締付けトルク値で電線を締め付けて，配線用の電線を器具端子に接続する．

1　電線の絶縁被覆の取り方

　絶縁電線の絶縁被覆は必ずワイヤストリッパを使用してはぎ取る．ワイヤストリッパの刃の部分に記載されている電線の寸法は，電線の素線の直径で記載されている場合が多い．したがって，電線が単線ならばそのまま適用される寸法の箇所で電線の絶縁被覆を取ればよい．しかし，絶縁電線がより線の場合には，寸法が断面積で記載されていないため，ワイヤストリッパに記載されている寸法と絶縁被覆を取る電線の寸法の値に十分注意し，電線の寸法に合った箇所の刃を使用して電線の絶縁被覆を取らなければならない．そこで，より線の断面積とワイヤストリッパの適合寸法の一例を**表5-1**に示す．

表 5-1　600 V ビニル絶縁電線の公称断面積とワイヤストリッパの適合寸法

ビニル絶縁電線の 公称断面積〔mm²〕	より線の構成 〔本/mm〕	ビニル絶縁電線の 導体外径〔mm〕	ワイヤストリッパの 適合寸法
1.25	7/0.45	1.4	1.6
2.0	7/0.6	1.8	2.0
3.5	7/0.8	2.4	2.6〜3.2[1]
5.5	7/1.0	3.0	3.2〜ナイフ等[1]

備考　(1)　ビニル絶縁電線の断面積が大きくなると，ワイヤストリッパの適合寸法の値が大きい値の
　　　　　方を使用する．小さい方を使用すると電線の素線に傷を付ける恐れがある．したがって，適
　　　　　合寸法の値に十分注意する．
　　　　　また，断面積の値が 5.5 mm² 以上のより線では，電工ナイフなどを用いてビニル絶縁電線
　　　　　の被覆を取る．

　絶縁電線の絶縁被覆を取るのにワイヤストリッパを用いず，ペンチやニッパを使用して絶縁被覆を取る人がいる．しかし，ペンチやニッパを用いて絶縁被覆を取ると，絶縁被覆の切り口が汚なく，また，より線の素線に傷を付ける恐れがある．したがって，絶縁電線の絶縁被覆を取るにはワイヤストリッパを用い，絶対にペンチやニッパを用いて絶縁被覆を取らないように注意する．

　ワイヤストリッパを用いて電線の絶縁被覆を取るには，必要とする長さより長めに絶縁被覆を取り，取った絶縁被覆は電線の素線より外れない長さとし，**図 5-1** に示すように，取れた絶縁被覆を指先で軽く回してより線の心線を軽くねじっておく．

　次に，電線の心線を器具の端子に差し込むのに必要な長さを残して，**図 5-2** に示すようにニッパを用いて電線の心線を切り取る．また，ワイヤストリッパの不良や使用上の誤りによって，**図 5-3** に示すような電線の絶縁被覆の割れや傷，および電線心線の切断や心線に傷が付かないように十分に注意して，絶縁被覆を取らなければならない．

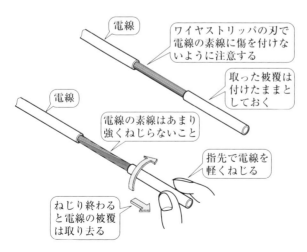

図 5-1　ビニル絶縁電線の被覆の取り方

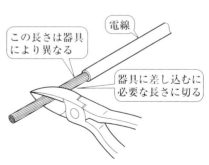

図 5-2　電線素線の器具への差込み長さ

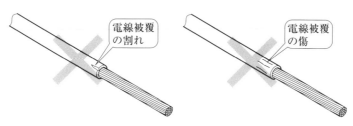

（a）ワイヤストリッパの刃がよく切れない場合や適合寸法を間違えると被覆に傷が付く

（b）ワイヤストリッパの電線のくわえ部などで被覆に傷を付けないようにする

（c）ワイヤストリッパの適合する値を間違えると素線を切線する恐れがある

（d）太い断面積の電線では素線に傷が付き易いため適合寸法を間違えないこと

図5-3 ワイヤストリッパにより電線被覆を取る際の注意

2 器具端子への差込み接続

配線用電線の器具端子への差込み接続は，**図5-4**に示すように器具に差し込んだ電線の絶縁被覆は，器具端子の電線押さえ板に当たってはならない．器具端子の電線押さえ板と絶縁被覆との間の寸法は，図5-4に示した寸法となるようにする．また，絶縁電線の心線の先端は必ず電線押さえ板より出る長さとなるようにする．

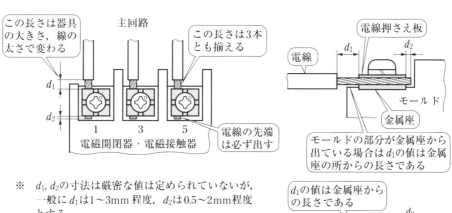

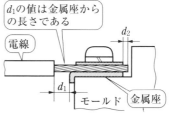

図5-4 器具端子への差込み接続

　また，主回路の配線や操作回路の配線および渡り線などが器具端子に接続される場合，各回路に使用される絶縁電線を器具端子に接続するには，**図5-5**に示すように，各回路に使用される絶縁電線が接続される器具端子では，接続する配線の位置を統一しておく必要がある．

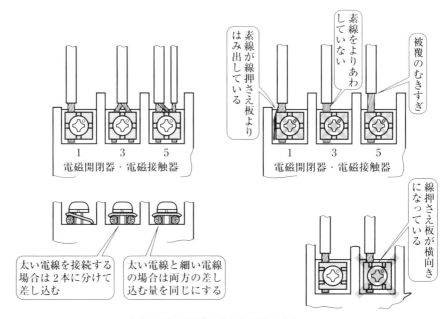

（a）配線の被覆の長さと電線の太さ

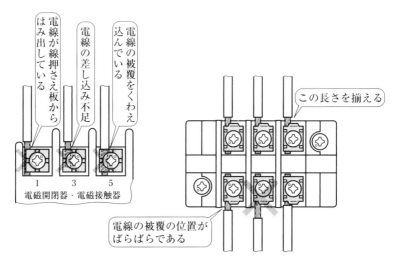

（b）配線の素線と被覆の長さ

図5-5　配線の器具端子への接続時の注意（a）（b）

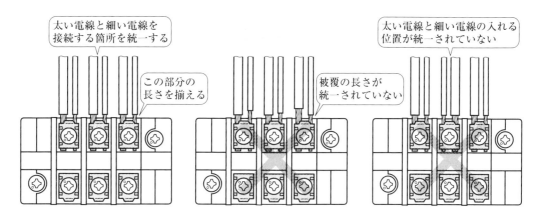

（c）　主回路と操作回路の接続

図 5-5　配線の器具端子への接続時の注意（c）

5・2　銅線用裸圧着端子による接続

　シーケンス制御回路に使用する器具の容量の値が大きくなってくると，絶縁電線の器具端子への接続には圧着端子が用いられている．一般に多く使用されている圧着端子は銅線用裸圧着端子である．ここでは，銅線用裸圧着端子の規格と圧着工具および絶縁電線と圧着端子との接続方法について述べる．

❶　圧着端子の規格

　絶縁電線を器具端子に接続するために使用する圧着端子は，銅線用裸圧着端子が用いられている．銅線用裸圧着端子の形状およびその呼びについては JIS C 2805 により定められている．制御盤には R 形の銅線用裸圧着端子が使用されている．この JIS で定められている圧着端子の形状および呼びを**表 5-2** に示す．

表 5-2　銅線用裸圧着端子

（a）　銅線用裸圧着端子の種類

種類	記号	備　　　　　考
銅線用裸圧着端子	R	取付け穴が 1 つの裸端子．
	RD	取付け穴が 2 つの裸端子．
銅線用絶縁被覆付き圧着端子	RAV	直管形の絶縁体をもつ絶縁付き端子で，絶縁体の材質が硬質ビニル樹脂系のもの．
	RAP	直管形の絶縁体をもつ絶縁付き端子で，絶縁体の材質がポリアミド樹脂系のもの．
	RBV	拡管形の絶縁体をもつ絶縁付き端子で，絶縁体の材質が硬質ビニル樹脂系のもの．
	RBP	拡管形の絶縁体をもつ絶縁付き端子で，絶縁体の材質がポリアミド樹脂系のもの．

(b)　銅線用裸圧着端子 R 形の形状および呼び（JIS C 2805 より抜粋）

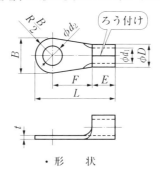

・形　状

（単位 mm）

記号	呼び	より線の呼び断面積〔mm²〕	使用ねじの呼び径	B 基本寸法	B 許容差	D 基本寸法	D 許容差	d_1 基本寸法	d_1 許容差	E 最小	F 最小	L 最大	d_2 基本寸法	d_2 許容差	t 最小	参考 電線抱合容量〔mm²〕	参考 圧着工具のダイスに表示する記号
R	1.25-3	1.25	3	5.5		3.4		1.7			4	12.5	3.2		0.7	0.25～1.65	1.25
	1.25-3.5		3.5	6.6							5	16	3.7				
	1.25-4		4	8							6		4.3				
	1.25-5		5								7		5.3	+0.2 / 0			
	2-3.5	2.0	3.5	6.6				2.3		4.1	4	17	3.7			1.04～2.63	2
	2-4		4	8.5							6		4.3				
	2-5		5	9.5		4.2					7	17.5	5.3		0.8		
	2-6		6	12							7	22	6.4	+0.4 / 0			
	2-8		8								9		8.4				
	5.5-4	5.5	4	9.5				3.4		6	5	20	4.3	+0.2 / 0		2.63～6.64	5.5
	5.5-5		5		±0.2						7		5.3				
	5.5-6		6	12		5.6	+0.3 / -0.2				7	26	6.4	+0.4 / 0	0.9		
	5.5-8		8								9		8.4				
	5.5-10		10	15							13.5	28.5	10.5				
	8-5	8	5	12				4.5		7.9	6	24	5.3	+0.2 / 0		6.64～10.52	8
	8-6		6								7		6.4	+0.4 / 0			
	8-8		8	15		7.1			±0.2		9	30	8.4				
	8-10		10								13.5		10.5		1.15		
	14-5	14	5					5.8		9.5	9.5		5.3	+0.2 / 0		10.52～16.78	14
	14-6		6								10		6.4	+0.2 / 0			
	14-8		8	16		9					13	33	8.4	+0.4 / 0	1.45		
	14-10		10								14.5		10.5				
	14-12		12	22							17.5	42	13				
	(14-14)		14	30							19	50	15				
	22-6	22	6	16.5				7.7		11	10	34	6.4			16.78～26.66	22
	22-8		8								13		8.4				
	22-10		10	17.5		11.5					14.5	39	10.5	+0.4 / 0			
	22-12		12	22			+0.5 / -0.2				17.5	43	13		1.7		
	(22-14)		14	30	±0.3						19	52	15				
	38-8	38	8					9.4		12.5	13		8.4			26.66～42.42	38
	38-10		10	22		13.3					14.5	43	10.5		1.8		
	38-12		12								17.5		13				
	(38-14)		14	30							19	53	15				

(c)　銅線用絶縁被覆付き圧着端子のRAV，RAP形の形状および呼び（JIS C 2805より抜粋）

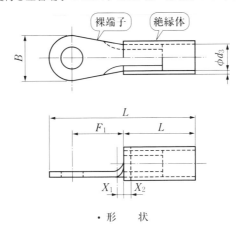

・形　　状

（単位 mm）

記号	呼び	より線の呼び断面積〔mm²〕	使用ねじの呼び径	裸端子の寸法〔mm〕 B±0.2	d₂ 基本寸法	d₂ 許容差	絶縁体との相互寸法〔mm〕 F₁ 最小	L 最大	X₁ 最大	X₂ 最大	絶縁体寸法〔mm〕 l 最小	d₃ 最小	t 基本寸法	参考 適用電線断面積〔mm²〕	絶縁体の色
RAV RAP	1.25-3	1.25	3	5.5	3.2	+0.2 / 0	4	18.5	1.0	0.5	8.0	3.1	0.8	0.5	赤
	1.25-3.5		3.5	6.6	3.7		4							0.75	
	1.25-4		4	8.0	4.3		6	22.0						0.9	
	1.25-5		5	8.0	5.3		7							1.25	
	2-3.5	2.0	3.5	6.6	3.7	+0.2 / 0	4	23.0				3.6		1.25 2.0	青
	2-4		4	8.5	4.3		6								
	2-5		5	9.5	5.3		7	23.5							
	2-6		6	12.0	6.4	+0.4 / 0	7	28.0							
	2-8		8	12.0	8.4		9								
	5.5-4	5.5	4	9.5	4.3	+0.2 / 0	5	28.0			13.0	5.2			黄
	5.5-5		5	9.5	5.3		5							3.5	
	5.5-6		6	12.0	6.4	+0.4 / 0	7	34.0							
	5.5-8		8	15.0	8.4		9	37.0						5.5	
	5.5-10		10	15.0	10.5		13.5								

注（1）　t 寸法の最小値は，基本寸法の80%とする．

備考　1.　X_1 および X_2 寸法は，裸端子の筒部と絶縁体とのずれを表す．
　　　2.　表中の呼びを表す記号のうち，第1項の数字は適用電線の呼び断面積を，第2項の数字は使用ねじ径を表す．

（d）　銅線用絶縁被覆付き圧着端子 RBV，RBP 形の形状および寸法（JIS C 2805 より抜粋）

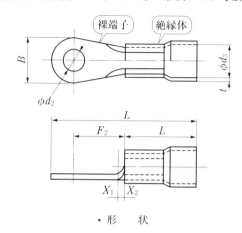

・形　　状

（単位 mm）

記号	呼び	より線の呼び断面積〔mm²〕	使用ねじの呼び径	裸端子の寸法〔mm〕			絶縁体との相互寸法〔mm〕				絶縁体寸法〔mm〕			参考	
				$B \pm 0.2$	d_2		F_1	L	X_1	X_2	l	d_3	t	適用電線断面積〔mm²〕	絶縁体の色
				基本寸法	基本寸法	許容差	最小	最大	最大	最大	最小	最小	基本寸法		
RAV RAP	1.25-3	1.25	3	5.5	3.2	+0.2 0	4	18.5	1.0	0.5		3.1	0.8	0.5	赤
	1.25-3.5		3.5	6.6	3.7		4							0.75	
	1.25-4		4	8.0	4.3		6	22.0						0.9	
	1.25-5		5	8.0	5.3		7							1.25	
	2-3.5	2.0	3.5	6.6	3.7	+0.2 0	4	23.0			8.0	3.6		1.25	青
	2-4		4	8.5	4.3		6								
	2-5		5	9.5	5.3		7	23.5							
	2-6		6	12.0	6.4	+0.4 0	7	28.0						2.0	
	2-8		8	12.0	8.4		9								
	5.5-4	5.5	4	9.5	4.3	+0.2 0	5	28.0			13.0	5.2		3.5	黄
	5.5-5		5	9.5	5.3		7								
	5.5-6		6	12.0	6.4	+0.4 0	7	34.0							
	5.5-8		8	15.0	8.4		9	37.0						5.5	
	5.5-10		10	15.0	10.5		13.5	37.0							

備考　1.　X_1 および X_2 寸法は，裸端子の筒部と絶縁体とのずれを表す．
　　　2.　表中の呼びを表す記号のうち，第1項の数字は適用電線の呼び断面積を，
　　　　　第2項の数字は使用ねじ径を表す．

2 **圧着端子の締付けトルクおよび引張り荷重**

器具端子に取り付けた圧着端子の締付けトルクに関しては，明確な規格は定められていない．しかし，JISでは圧着端子の試験のところで，端子と端子との締付けに関する締付けトルクの値が定められている．

したがって，JISで定められている値を1つの目安として用いてもよいのではないかと思われる．そこでJISで定められている締付けトルク値に関する値を参考までに**表5-3**に示す．また，電磁開閉器などの器具では，器具を製造した製造会社において締付けトルクの推奨値が示されている器具がある．締付けトルク値が示されている器具では，指定されているトルク値により器具端子のねじを締め付ければよい．また，圧着端子の引張り荷重は，圧着端子に絶縁電線を圧着接続し，それぞれの電線に引張り力を加えた場合，**表5-4**に示す値以上の値の荷重に耐えなければならない．

表5-3 圧着端子の締付けトルク値

締付け用ねじの呼び	締付けトルク値〔kgf・cm〕
M 3	5～ 6
M 3.5	7～ 9
M 4	10～ 13
M 5	20～ 25
M 6	40～ 50
M 8	90～110
M 10	180～230

表5-4 圧着端子の引張り荷重

圧着端子の呼び	ビニル絶縁電線の断面積〔mm²〕	引張り荷重値〔kgf〕
1.25	1.25	20
2	1.25	20
	2.0	30
5.5	3.5	55
	5.5	80
8	8	100
14	14	140
22	22	185

3 **圧着工具**

銅線用裸圧着端子（R形）に絶縁電線を接続するには，圧着工具を用いて電線の心線と圧着端子とを圧着接続する．圧着工具には数多くの種類があり，圧着作業を行うに際しては，使用する圧着端子に適合する圧着工具を用いて圧着作業を行わなければならない．

圧着接続では，圧着工具の良否が圧着接続の信頼性を左右する．このため，JIS C 9711「屋内配線用電線接続工具」（適用範囲に銅線用裸圧着端子用が含まれている）に，その性能に関する規格が定められている．

銅線用裸圧着端子用の圧着工具の種類には，手動片手工具，手動両手工具，手動油圧式工具などがある．また，圧着工具のヘッドおよびダイスが着脱することのできる機構の工具もある．圧着工具による圧着作業上の注意事項を列挙すると，次に示すような事項がある．

（1） 圧着端子の寸法に適合した工具により，歯形が圧着端子のろう付けした側にな

るようにして圧着接続を行う.

(2)　圧着端子および圧着工具の寸法は，圧着端子では端子の舌部に，圧着工具では
　ダイスに，それぞれ適合寸法が記入されている．したがって，圧着端子を圧着する
　際は，これらの値に十分注意する.

(3)　ダイス部はつねに清潔に保ち，さびや傷を付けないように注意する.

(4)　圧着工具を乱暴に取り扱ったり，また，落としたりしないように注意する．特
　に，圧力規制のラチェット機構は精密に作られているため，乱暴に取り扱ったりす
　ると圧力値に狂いを生じることがある.

(5)　圧着工具の手入れとしては，ラチェット部，ヒンジ部に給油し，工具全体を油
　ぼろなどで拭き，さびを発生させないように注意する.

(6)　ダイス交換式の圧着工具では，ダイスを確実に装着して使用する.

(7)　油圧式の工具では油もれに注意し，給油する場合には空気抜きを必ず行う.

以上が圧着作業における注意事項である．また，圧着作業に入る前に，必ず，次に述
べる事項を点検してから圧着作業に入るようにする.

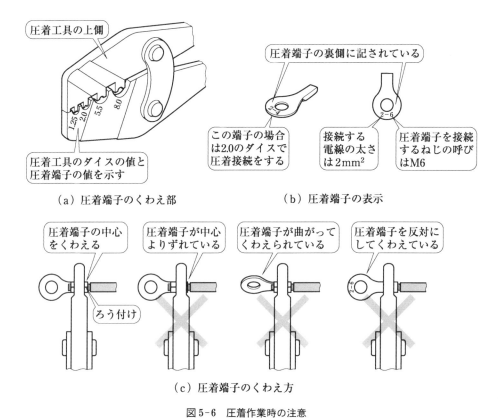

（a）圧着端子のくわえ部　　　　　　　　（b）圧着端子の表示

（c）圧着端子のくわえ方

図5-6　圧着作業時の注意

（1）　圧着工具の各ヒンジのゆるみ（ガタ）の有無を調べる.

（2）　圧力規制装置が確実に作動するかを調べる.

　上記の点検を行い，異常のないことを確認してから，銅線用裸圧着端子と絶縁電線の心線との圧着作業に入る.　これらの圧着作業における注意事項を図5-6に示す.

4　圧着端子と絶縁電線との接続

　圧着端子と絶縁電線の心線との接続には，圧着端子に適合したダイスを選ぶ.　次に，圧着工具の柄を握り，ダイスを軽く閉じて圧着端子をくわえる.　このとき圧着端子の向きに注意し，圧着端子を反対にくわえたり，また，ダイスの中心からずれてくわえないように注意し，圧着端子が正しくくわえられていることを確かめてから次の作業に入る.

　圧着端子をダイスにくわえると，次に絶縁電線の心線を圧着端子の筒部に挿入する.　このとき絶縁電線の心線はあまり強くねじらないように注意する.　絶縁電線の心線は軽くねじった状態で，圧着端子の筒部に挿入して圧着する.

　このとき絶縁電線の絶縁被覆と圧着端子の筒部との間隔は，図5-7に示すように0.5～2.0 mm程度とし，圧着端子の筒部から心線の突出しは0.5～1.0 mm程度となるように電線の心線を挿入する.　心線の先端は圧着端子を締め付けるための小ねじの頭部に当たらないように注意する.

5　圧着端子の器具端子への取付け

　電磁開閉器，電磁接触器，端子台などに銅線用裸圧着端子を用いて絶縁電線を接続する場合，原則として電線押さえ板付きの端子では，これらの電線押さえ板を取り外し，ばね座金と小ねじとを用いて圧着端子を器具の端子に取り付ける.　ただし，最近製造されている器具で，器具の容量が小さいものでは，座金組込みねじが使用されているため，座金が外れない構造となっている.　このようなねじが使用されている場合，電線押さえ板をそのまま使用して圧着端子を取り付けても差し支えない.

　締付けトルクの値は，器具を製造している各製造会社からその推奨値が示されている.したがって，それらの値を用いるが，製造会社によって締付けトルクの値が多少のばら

表5-5　圧着端子の器具端子への締付けトルク値

締付け用ねじの呼び	締付けトルク値〔kgf・cm〕
M 3.5	7～　9
M 4	10～　13
M 5	20～　25
M 6	40～　50
M 8	90～110
M 10	180～230

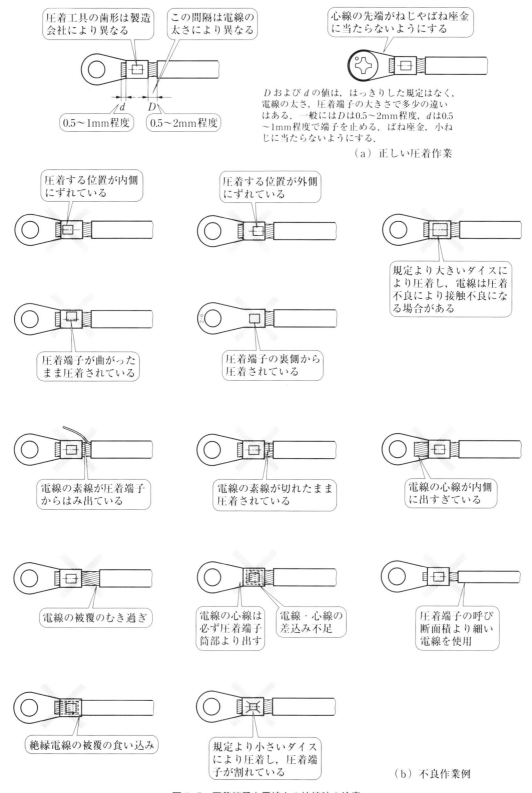

D および d の値は，はっきりした規定はなく，電線の太さ，圧着端子の大きさで多少の違いはある．一般には D は0.5〜2mm程度，d は0.5〜1mm程度で端子を止める．ばね座金，小ねじに当たらないようにする．

（a）正しい圧着作業

（b）不良作業例

図5-7　圧着端子と電線との接続時の注意

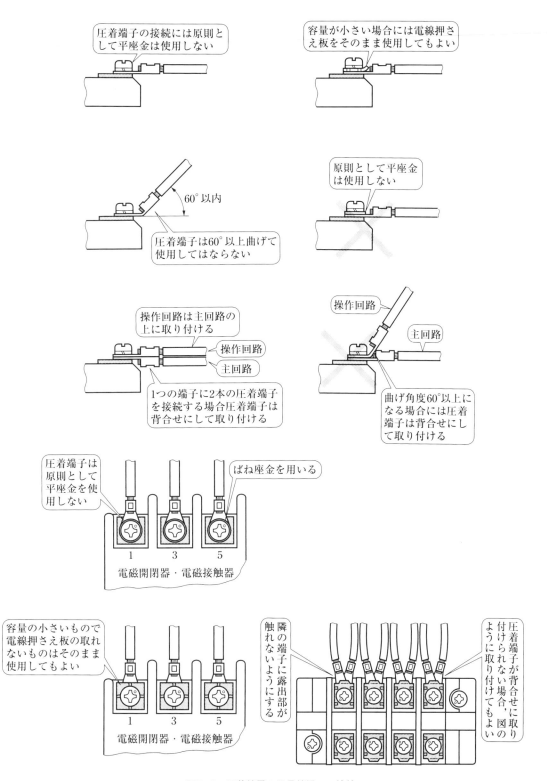

図5-8　圧着端子の器具端子への接続

つきがある．もし，締付けトルクの値が示されていない場合には，**表5-5**に示す値を
参考にして，器具の端子に圧着端子を取り付けてねじを締め付ければよい．

　端子台などに圧着端子を用いて電線を接続する場合，主回路と操作回路とが同じ端子
台に接続される場合には，**図5-8**に示すように端子台の端子には主回路に用いられて
いる圧着端子を下側に，操作回路に用いられている圧着端子は主回路に用いられている
圧着端子の上側になるようにして端子台の端子に接続を行う．

6　銅線用絶縁被覆付き圧着端子（JIS C 2805）

　銅線用絶縁被覆付き圧着端子は，**図5-9**に示すように，絶縁被覆部の形状により2

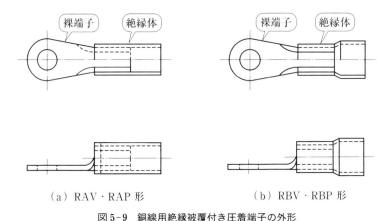

（a）RAV・RAP形　　　　　　　　　　（b）RBV・RBP形

図5-9　銅線用絶縁被覆付き圧着端子の外形

表5-6　使用する電線の断面積と絶縁被覆の色

記号	呼び	より線の呼び断面積〔mm²〕	使用ねじの呼び径	参考	
				適用電線断面積〔mm²〕	絶縁体の色
	1.25-3	1.25	3	0.5	赤
	1.25-3.5		3.5	0.75	
	1.25-4		4	0.9	
	1.25-5		5	1.25	
RAV RAP RBV RBP	2-3.5	2.0	3.5	1.25 2.0	青
	2-4		4		
	2-5		5		
	2-6		6		
	2-8		8		
	5.5-4	5.5	4	3.5 5.5	黄
	5.5-5		5		
	5.5-6		6		
	5.5-8		8		
	5.5-10		10		

種類のものが作られている．また，使用する絶縁電線の太さにより圧着端子の絶縁体の色が異なっている．絶縁体の絶縁電線の太さによる色別は，**表 5-6** に示すような標準色に色分けされている．

　銅線用絶縁被覆付き圧着端子に使用する圧着工具には専用の圧着工具があり，銅線用裸圧着端子に使用する圧着工具は使用することはできない．したがって，銅線用絶縁被覆付き圧着端子用の圧着工具を使用しなければならない．この圧着工具は，使用する銅線用絶縁被覆付き圧着端子の種類により分けられており，使用する絶縁電線の太さにより異なった専用の圧着工具が必要である．

　このほか，銅線用絶縁被覆付き圧着端子の絶縁被覆の外径により，絶縁被覆圧着調整ピンを調整するようになった圧着工具もある．この圧着工具の調整は，まず，左右同時に調整して，はじめはゆるく順次強くなるように調整して行く．

5·3　盤内配線の配線方式

　制御盤内の配線方式には，次に示すような配線方式がある．複数本の絶縁電線を配線用ダクト内に収容して配線を行う方式を**ダクト配線方式**と呼んでいる．また，複数本の絶縁電線を束ねて配線を行う配線方式を**束配線方式**と呼んでいる．

　このほかに，クリート配線と呼ばれる配線方式があったが，クリート配線方式は 1976

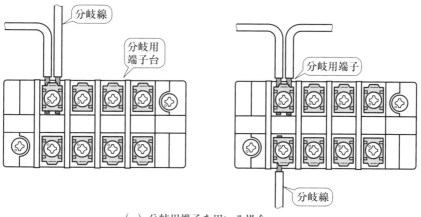

（a）分岐用端子を用いる場合

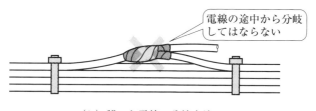

（b）誤った電線の分岐方法

図 5-10　盤内配線の分岐

年に JEM の配線方式の標準規格から削除されて，現在では使用されていない．

1 盤内配線の分岐

　盤内配線において，配線の途中からの分岐は，**図5-10** に示すように，配線の途中から直接分岐してはならない．これは，配線の途中で電線の絶縁被覆を取り，そこに分岐するための電線を接続してはんだ付けなどにより電線の接続を行っても，不確実な接続方法により電線が接続される恐れがあり，簡単に点検することができない．したがって，このような方法による電線の分岐は絶対に行ってはならない．配線の分岐は必ず端子台などの器具端子において行わなければならない．

　器具の端子を用いて配線の分岐を行うに際して器具端子の数が不足する場合には，別に分岐用の端子台を設けて配線の分岐を行うように規定されている．特に注意することは，器具などの端子で，使用していない空いている端子があっても，この空き端子を中継用や分岐用の端子として絶対に使用してはならない．

2 盤内配線の固定方法および盤を貫通する場合の配線処理

　盤内配線を固定する場合，絶縁電線，特にビニル絶縁電線などを直接盤面などの金属部分に強く押し当てると，絶縁被覆に傷などが付く恐れがある．このようにしてできた絶縁被覆の外傷などにより，電線の充電部が地絡したり，また，短絡事故などが生じる恐れがある．したがって，事故が生じないように電線の固定部の金属等で電線を強く押し当てないように注意して電線を固定する．

　また，配線用の電線が金属板を貫通する場合や，固定部と可動部とを接続する場合，例えば制御箱（コントロールボックス）のふたに取り付けられている操作用スイッチや表示灯などの器具に，制御箱本体から配線を行う場合，配線用の電線が鋼板の縁に触れて配線の絶縁被覆に傷が付く場合がある．このような配線を行う場合には，**図5-11** に示すように，鋼板の縁または電線を絶縁物で覆うなど，適当な方法により電線の絶縁物の損傷を防がなければならない．

3 盤内配線の束ね方

　盤内配線の束配線方式では，ビニルひもや麻糸または結束用バンドなどを用いて電線を束ねなければならない．配線用電線の束ねに使用する結束用バンドには多くの種類のバンドが製造されている．バンドの大きさにも大・中・小などがあり，用途に適した結束用バンドを選んで使用すればよい．

　結束用バンドの締付けトルクを一定にするには，**図5-12** に示すような結束用バンド締付け用の工具もある．結束用バンドによる配線用電線の束線は，**図5-13** に示すように行う．

　結束用のバンドがない場合には，ビニルひも，または麻糸などを用いて電線の結束を行う．束線用のビニルひもは，直径1mm程度の太さのものを使用し，**図5-14**に示すような方法により，束配線用のビニルひもを用いて電線を束ねる．

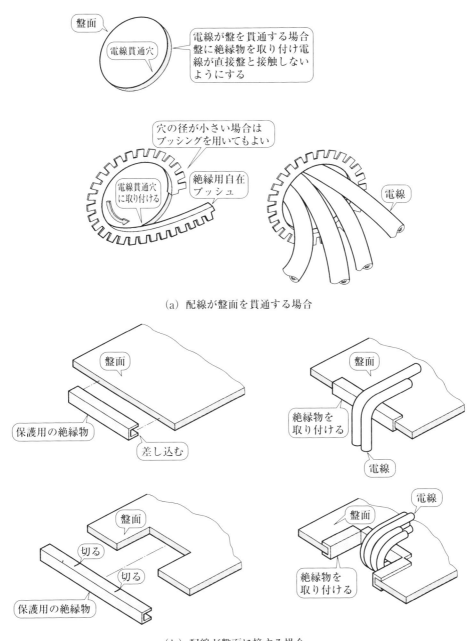

(a) 配線が盤面を貫通する場合

(b) 配線が盤面に接する場合

図5-11　絶縁物による電線の保護

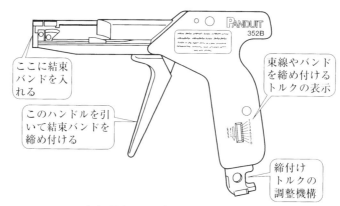

（ａ）結束バンド締付け工具

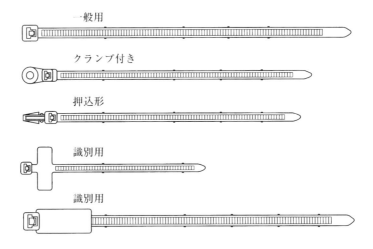

（ｂ）結束用バンドの種類

図5-12   配線の結束用バンド

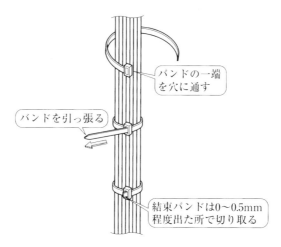

図5-13   結束用バンドによる配線の束線

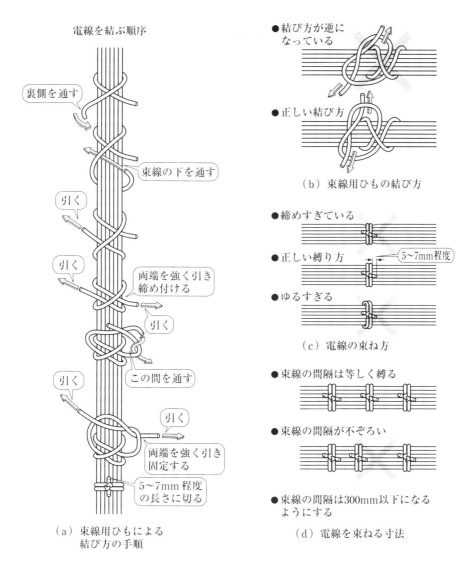

電線を結ぶ順序

裏側を通す

束線の下を通す

引く

引く

両端を強く引き
締め付ける

引く

この間を通す

引く

両端を強く引き
固定する

5～7mm 程度
の長さに切る

（a）束線用ひもによる
　　　結び方の手順

●結び方が逆に
　なっている

●正しい結び方

（b）束線用ひもの結び方

●締めすぎている

●正しい縛り方　　5～7mm程度

●ゆるすぎる

（c）電線の束ね方

●束線の間隔は等しく縛る

●束線の間隔が不ぞろい

●束線の間隔は300mm以下になる
　ようにする

（d）電線を束ねる寸法

図5-14　束線用ひもによる配線の束線

第6章
制御盤内の配線の手順

　制御盤内にシーケンス制御回路を組み立てるには盤内に配線を行わなければならない。制御盤内の配線を行う手順としては，主回路の配線から行っていく方法と，制御回路から配線を行っていく方法とがある。しかし，どちらの回路の配線を先に行わなければならないといった決まりはない。

　一般に，主回路の配線は変更が少ないが，操作回路では配線の変更が行われる場合が考えられる。したがって，配線の変更が少ない主回路から先に配線を行い，その上に操作回路の配線が行われている場合が多い。

　ここで注意することは，主回路の配線と操作回路の配線とを接触させたり，また，それぞれの配線を盤面に接触させてはならない。このため束ね配線の場合には，主回路の配線と操作回路の配線とを別束としている。したがって，ダクト配線においても同様で，主回路用の電線と操作回路用の電線は別々のダクトを用いて配線しなければならない。

　しかし，主回路をダクトを用いて配線することは少なく，一般には主回路は束ね配線により行い，操作回路はダクト配線により行っている。また，接地用の電線は単独で配線を行うが，配線の距離が長くなると固定しにくいため，操作回路の配線と一緒に束配線したり，操作回路と同じダクトに入れて配線を行っている。接地線は主回路の配線とは接触しないように注意して配線を行わなければならない。

6・1　盤内配線時の注意

　シーケンス制御回路を組み立てるための配線を行うに際しての注意事項は，次に示す事項を十分に注意して配線を行う。

(1)　盤内配線の途中では，電線同士をいかなる接続方法を用いても電線の接続を行うことはできない。また，配線が束ね配線による場合には，**図6-1**に示すように束線された電線はきれいにそろえ，電線が曲がったり蛇行しないようにきちっとそろえて配線し，電線を束ねなければならない。

(2)　電磁開閉器，電磁接触器，端子台などで空いている端子があるからといって，

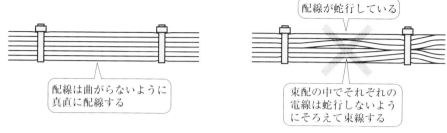

配線は曲がらないように
真直に配線する

配線が蛇行している

束配の中でそれぞれの
電線は蛇行しないよう
にそろえて束線する

（a）束配線内の電線

接続してはならない

配線の途中ではいかなる
接続用を用いても電線を
接続してはならない

中継端子として
使用できない

器具の中で空いている端子
を中継端子として使用して
はならない

（b）配線の途中での接続

図 6-1　束配線時の注意

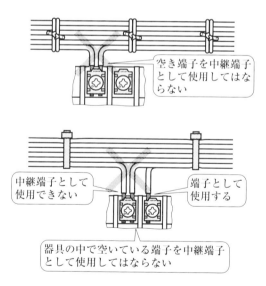

空き端子を中継端子
として使用してはな
らない

中継端子として
使用できない

端子として
使用する

器具の中で空いている端子を中継端子
として使用してはならない

図 6-2　器具端子を用いた配線の中継

　図 6-2 に示すように，その空き端子を中継端子として使用してはならない．

（3）　器具などの端子で，1 つの端子には，**図 6-3** に示すように電線の接続は 2 本ま
　　でとし，絶対に 3 本以上の電線の接続を行ってはならない．どのように複雑なシー

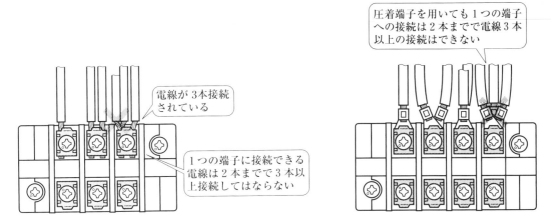

図6-3　器具端子への配線接続本数

ケンス制御回路でも，器具の１つの端子に接続できる電線の数が２本であっても，シーケンス制御回路を組み立てることが可能である．

（4）　配線は盤面に触れないように注意する．盤面と配線との距離については規格などでは定められていない．しかし，この距離は図6-4に示すように，盤面より5mm以上離すことが望ましい．

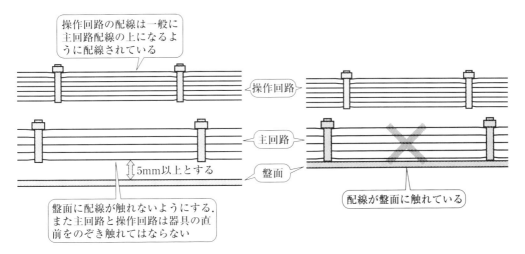

図6-4　盤内の束配線の位置

（5）　配線の電線が盤を貫通する場合，図6-5に示すように，盤の貫通部に適当な絶縁を施して，電線が直接盤に触れないように処置する．

（6）　主回路と操作回路とは，図6-6に示すように器具端子の直前を除き，配線用の電線を接触させてはならない．

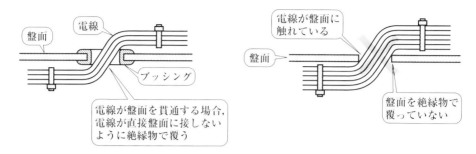

図6-5 配線が盤面を貫通する場合の保護

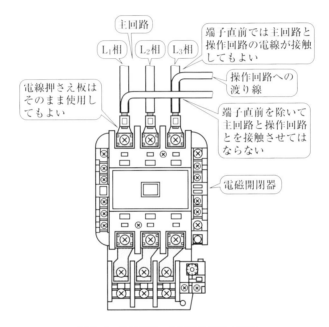

図6-6 器具端子への配線接続時の注意

6・2 主回路の配線時における注意

　主回路の配線に使用する電線は，600 V ビニル絶縁電線（IV），または電気機器配線用ビニル絶縁電線（KIV）を用いる．電線の絶縁被覆の色は黄色とする．ただし，これ以外の絶縁電線，ブチルゴム絶縁電線，耐熱性ビニル絶縁電線を使用する場合には，絶縁被覆の色は黒色でもよい．また，配線はより線とし，単線は作業性が悪いため使用しない方がよい．

　主回路配線に使用する電線の太さは，制御する負荷の容量によって定まる．参考までに 600 V ビニル絶縁電線（IV）の許容電流の値を，**表6-1** に示す．

表 6-1　600 V ビニル絶縁電線の許容電流

（JIS B 6015 より抜粋）

公　称断面積〔mm²〕	導体径〔mm〕	周囲温度 40 ℃の場合の許容電流〔A〕								器具用ビニルコード露　出配　線
		600 V ビニル電線および電気機器用ビニル電線								
		露　出配　線	同一管内に収める電線数							
			3 以下	4	5～6	7～15	16～40	41～60	61 以上	
0.2	―	1.6	1.1	1.0	0.9	0.8	0.7	0.6	0.5	―
0.3		2.5	1.8	1.6	1.4	1.2	1.1	1.0	0.9	
0.5		4.1	2.9	2.6	2.3	2.0	1.8	1.6	1.4	
0.75	―	5.7	4	3.6	3.2	2.9	2.6	2.2	1.9	5.7
0.9		14	9	9	8	7	6	5.4	4.7	―
1.25		15	10	10	8	7	6	6	5.3	10
2	―	22	16	14	12	10	9	8	7	14
3.5		30	21	19	16	15	13	12	10	19
5.5		40	28	25	22	20	17	15	13	28
8	―	50	35	31	28	25	21	19	17	
14		72	51	45	40	35	31	28	24	
22		94	66	59	53	46	40	37	32	
30	―	114	79	71	64	56	49	44	39	
38		133	93	84	75	65	57	52	45	―
50		156	109	98	87	76	67	61	53	
60	―	178	125	112	100	87	76	69	61	
80		210	148	133	118	103	90	82	72	
100		244	171	154	137	120	105	95	83	
125	―	282	197	177	157	138	121	110	96	
150		324	226	204	181	157	139	126	110	―
200		383	267	242	216	189	165	150	132	
250	―	456	319	287	255	223	196	178	155	
325		533	373	336	299	261	230	208	182	―
400		611	426	385	342	299	263	238	208	
500	―	690	484	435	387	338	297	250	226	
―	1	13	9	8	7	6	5.6	5.3	4.5	
	1.2	16	10	10	8	7	6	6	5.3	―
	1.6	22	16	14	12	10	9	8	7	
―	2	29	20	18	16	14	12	11	10	
	2.6	39	27	25	22	19	17	15	13	―
	3.2	51	35	32	29	25	22	20	17	
―	4	66	―	―	―	―	―	―	―	―
	5	88								

備考　中性線，接地線および制御回路の電線には適用しない.

1　主回路の配線手順

　主回路の配線は，電源側より始め，電線の長さが極力短くなるように配線する．比較的大きな制御盤での配線で，束ね配線により主回路を配線する場合には，盤の上部から配線を始め，配線は束ねながら順に器具の端子に接続していく方法がある．

　しかし，この配線方法は熟練しないとなかなか難しく，一般には電線の両端を器具の端子に接続し，全部の配線が終わってから電線を束ねていく場合が多い．また，器具端子への接続は，回路に流れる電流の値が大きな場合には，差込み接続ではなく，圧着端子による接続が行われる．これらの器具端子への電線の接続については，仕様書に記載されている接続方法により行う．

　電流容量の小さな器具（11 kW 以下）では差込み接続で接続してもよい．これら電線の器具端子への接続を行うに際しては，電線を接続した器具端子の締付けには，定められた締付けトルク値でしっかりとねじを締め付け，出荷時には再度増し締めを行い出荷する．

2　電源用端子台への配線の接続

　電源用端子台に主回路配線を接続するに際しての注意事項は，次に示す事項に十分注意して配線の接続を行う．

（1）　電源用の端子台に配線を接続するには，**図 6-7** に示すように相順を間違わないように端子台の左側の端子から $L_1(R)$，$L_2(S)$，$L_3(T)$ 相の順に電源からの配線を接続する．

（2）　端子台の記名カードには，必ず配線された相の記号など必要事項を忘れずに記入する．

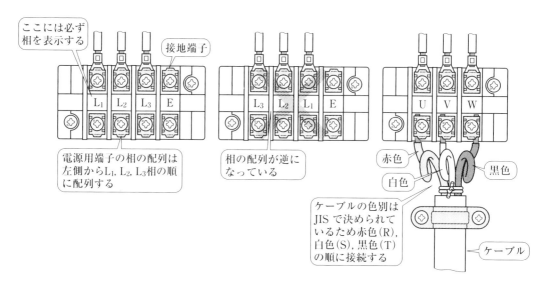

図 6-7　電源端子への配線

3 　配線用遮断器などの手元開閉器への配線の接続

　配線用遮断器の端子への配線を接続するに際しての注意事項は，次に示す事項を必ず守るようにする．

(1)　手元開閉器である配線用遮断器への配線の接続は，**図 6-8** に示すように配線用遮断器の上側の端子には必ず電源からの配線を接続する．また，下側の端子には負荷への配線を接続する．

(2)　配線用遮断器の電源側の端子への配線の接続は，配線用遮断器の端子の左側の端子から電源用端子台への接続と同様に，端子の左側から $L_1(R)$，$L_2(S)$，$L_3(T)$ 相の順に電源用端子台からの配線を接続する．

(3)　配線用遮断器は，配線用遮断器の取っ手を上側に倒したときに遮断器の接点が閉じて回路が ON となる．また，遮断器の取っ手を下側に倒したとき遮断器の接点が開き回路は OFF となるように配線用遮断器を取り付ける．

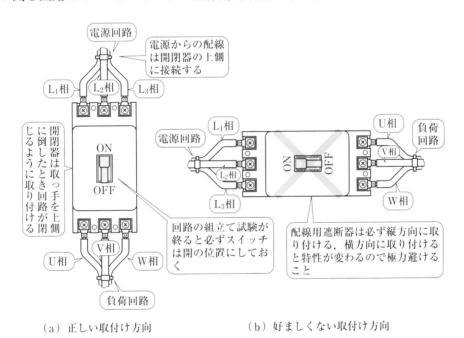

（a）正しい取付け方向　　　　　　　（b）好ましくない取付け方向

図 6-8　配線用遮断器への配線

4 　電磁開閉器・電磁接触器への配線の接続

　電磁開閉器や電磁接触器の端子への配線を行うに際しての注意事項としては，次に示す事項を守って配線の接続を行わなければならない．

(1)　電磁開閉器や電磁接触器の端子への配線を行うに際しての注意は，**図 6-9** に示すように，これらの器具の上側の端子に電源からの配線を接続し，下側の端子には負荷への配線を行う電線を接続する．

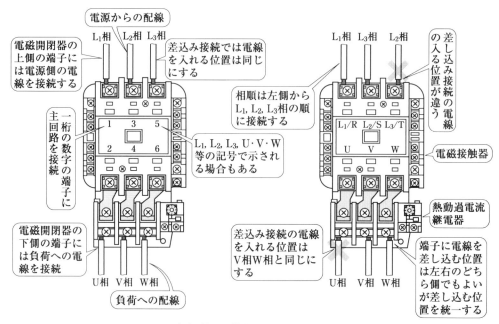

（a）差込み接続による配線

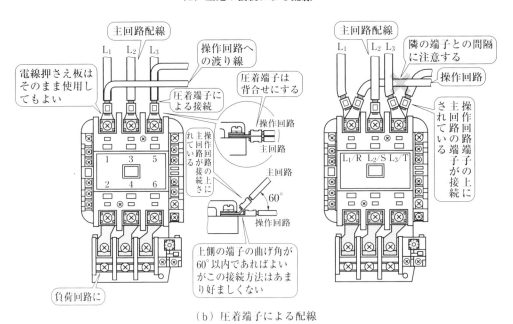

（b）圧着端子による配線

図 6-9　電磁開閉器の端子への配線

(2)　電磁開閉器や電磁接触器から他の電磁開閉器や電磁接触器の上側の端子への配線は，**図 6-10** に示すように器具の端子の左側より $L_1(R)$，$L_2(S)$，$L_3(T)$ 相の順に，また，器具の下側の端子からは負荷側への配線を接続する．負荷側への端子では左側の端子から $U(T_1)$，$V(T_2)$，$W(T_3)$ 相の順に配線の接続を行う．

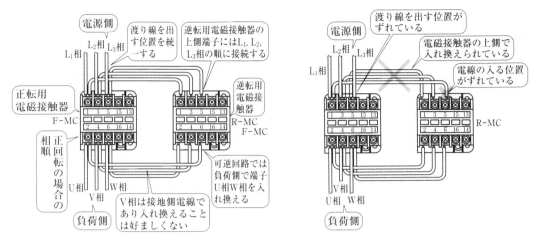

（a）可逆運転回路の接続

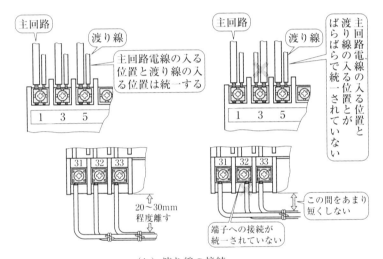

（b）渡り線の接続

図6-10　電磁接触器・電磁開閉器からの渡り線の配線

5　出力回路の端子台への配線の接続

出力回路に使用される端子台に配線を接続するに際しての注意としては，

(1)　出力回路接続用の端子台への配線の接続は，**図6-11**に示すように端子台の左側よりU，V，WおよびX，Y，Z相の順となるように配線の接続を行う．また，接地端子を設ける場合にはU，V，W，E，またはU，V，W，E，X，Y，Z，Eなどとし，U，V，E，Wなどと接地端子を各相の間に入れないように接地用端子Eの配置には注意する．

(2)　端子台の記名カードには，必ず相の表示などの必要事項を記入して，端子台より外部に接続する配線の接続間違いが生じないように，忘れずに必要事項の記入を行う．

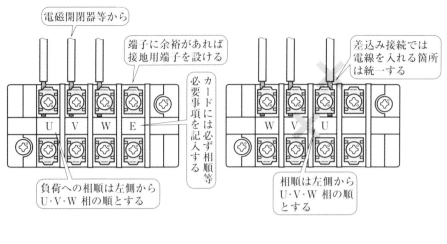

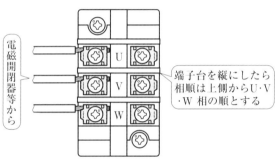

（a）出力端子台と配線の相順

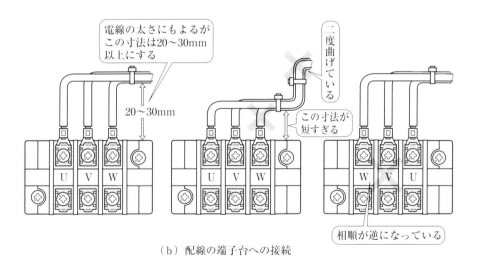

（b）配線の端子台への接続

図6-11　出力端子台への配線の接続（a）（b）

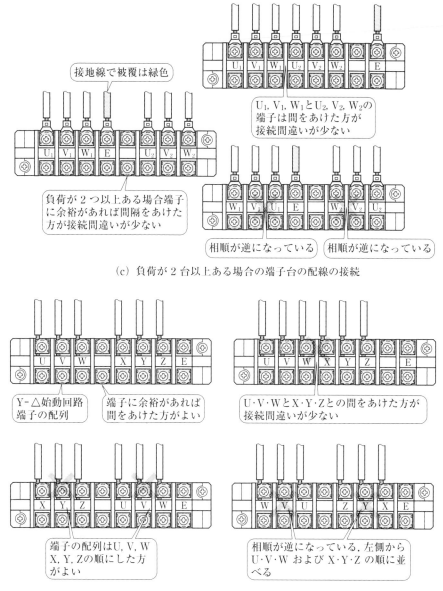

（c）負荷が 2 台以上ある場合の端子台の配線の接続

（d）負荷がY-△の場合の端子台への配線の接続

図 6-11　出力端子台への配線の接続（c）（d）

6·3　操作回路への配線時の注意

　操作回路が接続されている器具端子への配線の接続には，**図 6-12** に示すような差込み接続，圧着端子接続，はんだ付け接続など用途に応じた多くの接続方法によって電線の接続がなされている．仕様書に接続方法が記載されていれば，指定された接続方法によらなければならない．

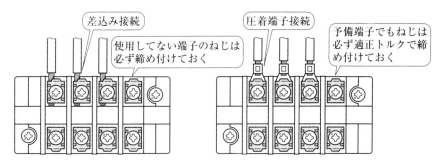

（a）端子台への接続

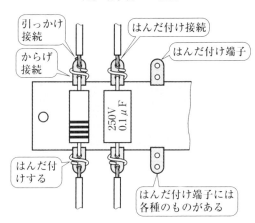

（b）端子板へのはんだ付けによる接続

図6-12　操作回路の器具端子への接続

　仕様書に接続方法についての記載がなければ，シーケンス制御回路に使用されている器具により，器具で定められている接続方法により電線の接続を行う．ただし，操作回路では器具端子への電線の接続箇所が非常に多く，電線の器具端子への接続にはねじによる差込み接続が多くなされている．したがって，これら器具端子のねじは必ず適正な締付けトルク値により締め付けなければならない．

　また，器具などで使用されていない空き端子の予備ねじについても，忘れずに規定の締付けトルク値でねじの締付けを行っておかなければならない．もし，予備ねじが緩んで盤内に落下すると短絡事故などの思わぬ事故に波及する場合がある．したがって，盤内のすべてのねじは，規定のトルク値により締め付けられていなければならない．

1　操作回路の配線時の注意

　操作回路に使用されている配線用の電線は，600 V ビニル絶縁電線（IV），または電気機器配線用ビニル絶縁電線（KIV）が使用されている．電線の絶縁被覆の色は主回路と同様に黄色が用いられている．これ以外の電線，例えばブチルゴム絶縁電線を使用した場合には絶縁被覆の色は黒色となる．

　操作回路の配線用電線の断面積は 1.25 mm² のより線を用い，単線は使用することはできない．また，計器用変成器の二次側の回路に使用する電線の断面積は 2.0 mm² のより線を用い，単線は使用することはできない．

　ただし，電線の断面積は，電流容量，電圧降下などに支障がなく，保護協調が取れていれば，1.25 mm² および 2.0 mm² よりも小さな断面積の細い電線を使用することができる．

2 　操作回路の配線手順

　シーケンス制御回路の操作回路を組み立てるための配線方法には，色々な方法の配線手順がある．例えば，束ね配線では盤の一番上に取り付けられている器具の端子に電線を接続し，盤の上部に取り付けられている器具の端子の接続が終わると，上から順に下に取り付けられている器具の端子に電線を接続しながら配線を束ねていく方法がある．しかし，この方法による配線を行うには相当な熟練を必要とする．

　そこで，一般に行われている配線の手順として，まず，最初に渡り線の配線から行う．渡り線の配線が終わってから，次の配線は組み立てようとするシーケンス制御回路の展開接続図の左側，または上側（一般に展開接続図は，シーケンス制御回路が動作して行く順序に，左側または上側から器具等が配置されている）より配線を行っていく．また，この配線順序は，ダクト配線においても同様の配線順序により配線を行っている．

　このように渡り線から配線を行っていく理由は，器具の 1 つの端子に接続できる電線の数は 2 本までである．したがって，渡り線が接続されている器具端子には 2 本の電線が接続されていて，最後に渡り線を接続した器具端子には 1 本のみ配線が接続されている．したがって，この器具端子に誤って他からの配線を接続しないように注意すれば，最後に渡り線を接続した端子以外の器具端子には，他の異極からの電線を接続することができないため，短絡事故が生じるような誤配線を行う恐れが少なくなる．

　また，束ね配線の場合には渡り線の位置が，これから行う配線の経路を定めるものである．したがって，渡り線の経路を決める際に盤内の配線が完成した際の形を十分に考慮して，配線の経路となるように渡り線の配線を行う．

　ダクト配線では，配線の位置はダクトの位置により定まる．しかし，配線の手順は誤配線を少なくするためにも，束ね配線と同じように渡り線より配線を行った方がよい．渡り線の配線が終わると**図 6-13** に示すシーケンス制御回路を例に取れば，展開接続図の左側の操作回路より順に配線を行っていく．

　まず，器具端子に接続する電線の両端を器具端子に接続し終わったら，次に展開接続図に電線を接続した器具端子の端子番号を記入し，接続が終わった箇所の配線をけい光ペン，または黄色の色鉛筆などを用いて配線を消して行くと，誤配線の恐れが少なくなる．

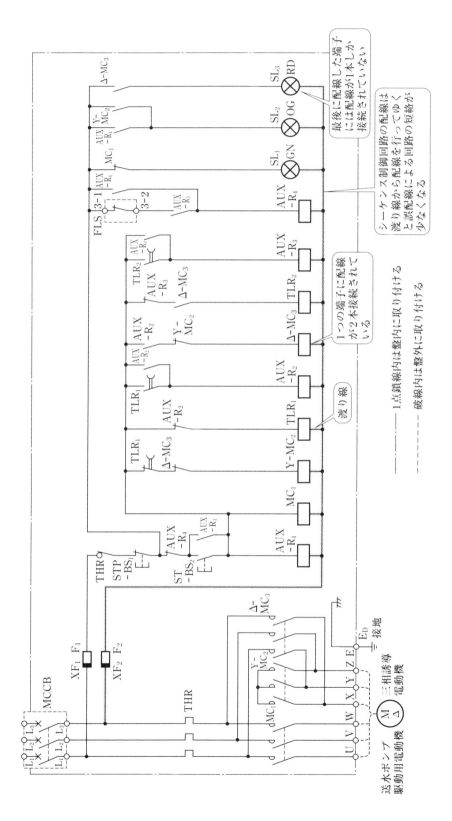

図6-13　送水ポンプ制御装置展開接続図

　また，展開接続図の配線に接続した器具の端子番号が記入されているとメンテナンスや修理を行う場合や故障箇所を見つける際に役立つ．したがって，シーケンス制御回路の展開接続図に配線が接続されている器具端子の番号を必ず記入するように心掛ける．

6・4　接地線の配線時における注意

　盤内の接地線に用いる電線は，600 V ビニル絶縁電線（IV），または電気機器配線用ビニル絶縁電線（KIV）を用い，絶縁被覆の色は緑色の電線を使用する．ただし，やむを得ず緑色以外の電線を用いた場合，その配線の電線端部に緑色の色別を施さなければならない．絶縁電線の断面積は 2.0 mm² のより線を使用し，単線は使用することはできない．

　盤にアーススタッドを用いて接地を行った場合，接地線は端子台まで最短の距離となるように配線する．この場合，接地線は盤面に触れてもよい．端子台への接地線の接続は，**図 6-14** に示すように他の配線と接触しないように注意する．

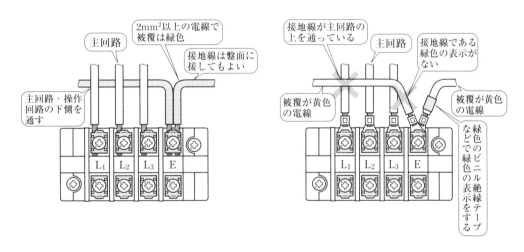

図 6-14　接地線の端子台への接続

　接地線の配線の長さが 300 mm 以上になる場合には束配線としなければならない．この場合，主回路の配線と一緒に束線してはならない．必ず，操作回路の配線と一緒に束線する．また，ダクト配線においても同様に，主回路の配線と一緒のダクトに入れて配線してはならない．必ず，操作回路の配線と同じダクトに入れて配線を行う．アーススタッドへの接地線の接続は銅線用裸圧着端子を用い，**図 6-15** に示すような方法により，確実に盤と接地線とを接続する．

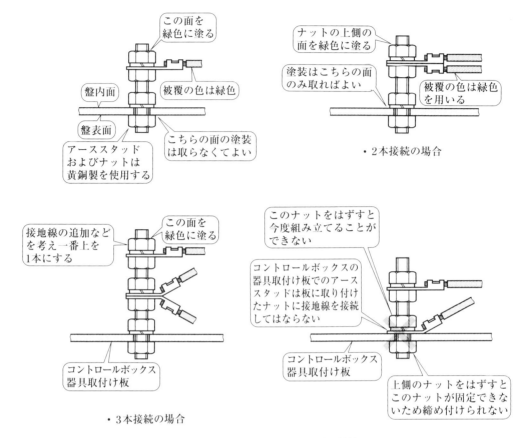

図6-15　アーススタッドへ接地電線の接続

6・5　その他の器具への配線における注意

　盤に取り付けられた計器への配線，特に直流用の計器に配線を行う場合，計器に記載されている端子記号等が配線で隠れないように配線の位置に注意する．また，VT（PT）やCTなどでも，**図6-16**に示すように銘板の上に配線が通って銘板がよく読み取れないような位置に配線がこないように注意して配線を行う．

　このほか，**図6-17**に示すように器具を取り付けているねじや，ヒューズホルダに取り付けられているヒューズなどの上に配線が通らないように配線の位置に注意する．もし，ねじやヒューズの上を配線が通ると，器具やヒューズを交換する場合，配線が邪魔になって作業性が悪くなる．したがって，配線を行う際には将来のメンテナンスや故障修理などを行う場合を考慮して，メンテナンスや故障修理を行うのに不便をきたさないような配線を行わなければならない．

計器への配線

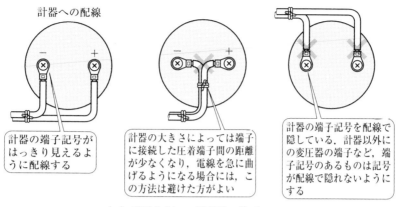

計器の端子記号が
はっきり見えるよ
うに配線する

計器の大きさによっては端子
に接続した圧着端子間の距離
が少なくなり，電線を急に曲
げるようになる場合には，こ
の方法は避けた方がよい

計器の端子記号を配線で
隠している．計器以外に
の変圧器の端子など，端
子記号のあるものは記号
が配線で隠れないように
する

（a）計器などへの配線時の注意

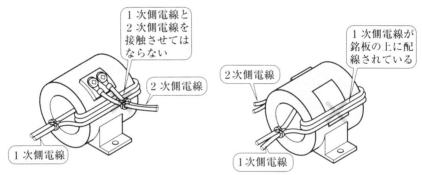

1次側電線と
2次側電線を
接触させては
ならない

2次側電線

1次側電線

2次側電線

1次側電線が
銘板の上に配
線されている

1次側電線

（b）計器用変成器への配線時の注意

図6-16　計器変成器等の器具への接続

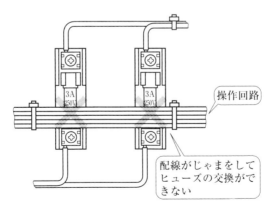

操作回路

配線がじゃまをして
ヒューズの交換がで
きない

図6-17　器具と配線との位置

第7章

はんだ付け

　はんだ付け作業は，はんだ付け端子に配線や部品を接続する場合に行う．良いはんだ付けを行うには，はんだ付け作業に適したはんだこて，およびはんだを選ぶ必要がある．第7章では，はんだこての種類とその使い方，およびはんだの種類とその選び方について述べる．

7・1　電気はんだこて (JIS C 9211)

　JISでは電気はんだこての種類を，その定格消費電力（W）の値により分類している．したがって，用途に適した消費電力の電気はんだこてを選んで使用している．また，電気はんだこての発熱体と，こて先との間の絶縁抵抗の値により階級が定められておりAA級（超高絶縁形），A級（高絶縁形）およびB級（一般形）の3種類に分類されている．

　電気はんだこての絶縁抵抗の値は，500V絶縁抵抗計を用いて，動作中の電気はんだこての充電部（発熱体）と非充電部（こて先）との間の絶縁抵抗の値を測定し，階級により下記に示す値以上の抵抗値があることと規定されている．

> AA級のもの：1 000 MΩ
> A級のもの：　　10 MΩ
> B級のもの：　　　1 MΩ

　上に示された絶縁抵抗の値は，電気はんだこての絶縁抵抗の値の測定を行うには，**図7-1**に示すような方法により測定した動作中の電気はんだこての絶縁抵抗の値である．電気はんだこてを使用していない冷えた状態では，電気はんだこての絶縁抵抗の値は大きな値となる．したがって，絶縁抵抗の値の測定は，電気はんだこてを使用している状態で測定した絶縁抵抗の値でなければならない．

　制御盤の組立てでは，はんだ付けする端子の種類や，電線の太さ，部品の種類などにより，電気はんだこての容量を選ばなければならない．このように半導体，抵抗器，コ

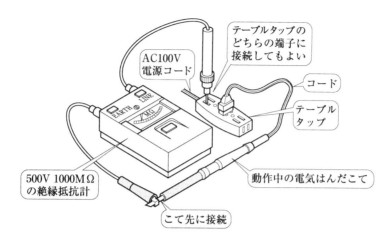

図 7-1　動作中の電気はんだこての絶縁抵抗測定

ンデンサなどの電子部品では，比較的熱容量の値が小さい．熱容量の値が小さい電子部品を端子にはんだ付けするには，電気はんだこての容量が 15 W から 40 W 程度までのものが多く使用されている．また，太い電線などの熱容量の大きなものを端子などにはんだ付けするには，電気はんだこての容量が 60 W から 300 W 程度までの値の電気はんだこてが使用されている．

　電子部品，特に LSI，IC，FET，サイリスタ，トランジスタ，ダイオードなどの半導体素子が制御盤内にも使用され始めた．したがって，B 級の電気はんだこてでは絶縁抵抗の値が 1 MΩ 程度しかなく，こて先から電源からの漏れ電流が電子回路に流れ込み，半導体の機能を破壊する恐れがある．このため，半導体素子などのはんだ付けを行うには，絶縁抵抗の値の大きな A 級または AA 級の電気はんだこてが使用されている．

7·2　こて先の形状と材質

　市販されている電気はんだこてのこて先の形状には，用途に応じて各種の形状のこて先の電気はんだこてがある．また，必要とする形状のこて先を差し替えて使用することができる電気はんだこてもある．しかし，作業によっては既製品のこて先では都合の悪い場合もある．このような場合には，作業に適したこて先に加工して使用している．

　こて先の材料としては熱伝導度が良く，はんだによるこて先の消耗が少ないものがよい．したがって，こて先の材料としては，普通，純銅の丸棒や鍛造品などのほか，各種の銅合金のこて先が使用されている．

　最近では，図 7-2 に示すように純銅のこて先に鉄めっきを施し，さらに使用する部分を銀めっきしてはんだののりを良くしたこて先が多く使用されている．純銅のこて先に鉄めっきを施すのは，はんだの中に含まれているすずの拡散により銅が消耗するのを

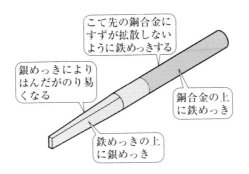

こて先の銅合金に
すずが拡散しない
ように鉄めっきする

銀めっきにより
はんだがのり易
くなる

銅合金の上
に鉄めっき

鉄めっきの上
に銀めっき

図7-2 鉄めっきと銀めっきを施したこて先の形状

防ぐためである.

　しかし，銀は長く加熱したまま空気中に放置しておくと酸化する．こて先にめっきされている銀めっきが酸化すると，はんだがこて先にのらなくなる場合がある．このような場合には，ミガキ粉かアルミナなど目の細かい粉を用いて軽くこて先をみがき，こて先に予備はんだを行ってから使用するとよい．ただし，鉄めっきしてあるはんだこてのこて先は，絶対にやすりをかけてみがいてはならない.

　良いはんだ付けを行うには，作業に適した電気はんだこての良いものを選び，正しい管理を行い，こて先を常に作業に適した状態にしておくことが必要である．作業に適した状態とは，つねにこて先が清浄で，かつ適量のはんだでこて先がぬれている状態をいう．このような状態でこて先を維持するには，下記に示す事項に注意して，こて先の管理を行う.

　(1)　こて先の温度は，常に適温（330～370℃）に保つようにする.

　(2)　こて先は清浄に保ち，常に適量のはんだでぬらしておく.

　(3)　はんだ付けを行う際，こて先が汚れている場合には，海綿などに水を含ませたもので，こて先の汚れを拭き取ってからはんだ付けを行う.

　(4)　鉄めっきや銀めっきされているこて先を長時間加熱したままで放置しておくと，こて先についているはんだが酸化してぬれがなくなる．このような状態となったら，水を含ませた海綿などを用いてこて先の酸化物を拭き取り，やに入りはんだを用いてこて先をぬらしておく.

　(5)　鉄めっきが施されていない純銅または銅合金によるこて先では，長時間使用するとこて先が消耗してくる．このようにこて先が消耗した場合には，こて先を取り外してハンマでこて先を叩き，こて先を元の形に成形してから，やすり等を用いてこて先の加工を行い必要な形状にする．このように，ハンマでこて先を叩いてから加工を行うと，そのままこて先の加工を行った場合に比べて消耗する度合いが少なくなる．こて先の加工が終わったら，こて先は必ずはんだでぬらしておく.

　はんだこてのこて先は，以上，述べたように常に清浄に保ち，はんだでぬれている状

態にして維持し，すぐにはんだ付け作業に入れるように管理する．

7・3　はんだの種類 (JIS Z 3282)

はんだも用途により，用途に適した各種のはんだが製造されている．はんだの種類は，はんだの成分により分類されている．

1　はんだの成分

はんだの成分は，すず-鉛，すず-アンチモン，すず-銀，すず-ビスマス，鉛-銀，すず-鉛-銀およびすず-鉛-ビスマスを含むはんだ合金である．はんだの種類および等級は，その化学成分により**表7-1**に示す種類のものがあり，この中からそれぞれの用途に適したはんだを選んで使用している．

はんだの等級は，はんだの中のすずの量と，はんだに含まれている不純物（他の金属）の量により，S，AおよびB級の3つの等級に分けられている．特に，S級は特殊な電子機器などで，品質の厳しい用途を目的とした製品に使用されている．

2　はんだの用途

はんだの用途は，**表7-2**に示すようにはんだの種類により分類されている．制御盤内にも電子部品の使用が増加してきている．電子回路の組立てに使用されているはんだは，Sn 60 PbからSn 65 Pb程度のはんだが使用されている．

3　はんだの形状および寸法

はんだの形状には塊状，棒状，帯状，線状，プリフォームおよび粉末状のものがあり，それぞれの用途により使い分けられている．これらの記号は，塊状はI，棒状はB，帯状はR，線状はW，プリフォームはF，粉末状はPで表している．

一般に多く使用されている線状のはんだの標準寸法および許容差を示すと，**表7-3**に示すような値が定められている．また，製品の呼び方は，はんだの種類，等級の記号，形状および径（棒状および帯状の場合は幅）による．線状のはんだの場合の例を示すと，

となる．

表7-1 はんだの種類と等級および記号

（JIS Z 3282 より抜粋）

合金系	種類	等級	記号	参考		比重
				固相線温度〔℃〕	液相線温度〔℃〕	
Sn-Pb系	Sn 95 Pb	A	H 95 A	約183	約224	約 7.4
		B	H 95 B			
	Sn 65 Pb	S	H 65 S	約183	約186	約 8.3
	Sn 63 Pb	S	H 63 S	約183	約184	約 8.4
		A	H 63 A			
		B	H 63 B			
	Sn 60 Pb	S	H 60 S	約183	約190	約 8.5
		A	H 60 A			
		B	H 60 B			
	Sn 55 Pb	S	H 55 S	約183	約203	約 8.7
		A	H 55 A			
		B	H 55 B			
	Sn 50 Pb	S	H 50 S	約183	約215	約 8.9
		A	H 50 A			
		B	H 50 B			
Pb-Sn系	Pb 55 Sn	S	H 45 S	約183	約227	約 9.1
		A	H 45 A			
		B	H 45 B			
	Pb 60 Sn	S	H 40 S	約183	約238	約 9.3
		A	H 40 A			
		B	H 40 B			
	Pb 65 Sn	A	H 35 A	約183	約248	約 9.5
		B	H 35 B			
	Pb 70 Sn	A	H 30 A	約183	約258	約 9.7
		B	H 30 B			
	Pb 80 Sn	A	H 20 A	約183	約279	約10.2
		B	H 20 B			
	Pb 90 Sn	A	H 10 A	約268	約301	約10.7
		B	H 10 B			
	Pb 95 Sn	A	H 5 A	約300	約314	約11.0
		B	H 5 B			
	Pb 98 Sn	A	H 2 A	約316	約322	約11.2
Sn-Pb-Bi系	Sn 43 PbBi 14	A	H 43 Bi 14 A	約135	約165	約 9.1
Bi-Sn系	Bi 58 Sn	A	H 42 Bi 58 A	約139	約139	約 8.7
Sn-Pb-Ag系	Sn 62 PbAg 2	A	H 62 Ag 2 A	約179	約190	約 8.4
Sn-Ag系	Sn 96.5 Ag	A	H 96 Ag 3.5 A	約221	約221	約 7.4
Sn-Sb系	Sn 95 Sb	A	H 95 Sb 5 A	約235	約240	約 7.3
Pb-Ag系	Pb 97.5 Ag	A	HAg 2.5 A	約304	約304	約11.3
Pb-Ag-Sn系	Pb 97.5 SnAg 15	A	H 1 Ag 1.5 A	約309	約309	約11.3

表7-2 はんだの種類と用途

(JIS Z 3282 より抜粋)

種　　類	用　　　　　　　　途
Sn 95 Pb	特殊用（電気・電子工業関係および食器類のはんだ付け），高温用
Sn 65 Pb	電気・電子機器の配線，継線用
Sn 63 Pb	（プリント配線や部品の組立てなど）
Sn 60 Pb	特に 63 Sn は共晶はんだで，半溶融温度範囲が狭い
Sn 55 Pb	一般用：電気・電子機器の配線，組立ておよび機械，器具その他一般接
Sn 50 Pb	合用（電気工事，電気工作物，テレビ，ラジオの製造，製缶，ラジエー
Pb 55 Sn	タ，屋根継ぎなどの際のはんだ付け）　特に 50 Sn は最も一般的
Pb 60 Sn	
Pb 65 Sn	ラジエータ，製缶，鉛工用など
Pb 70 Sn	
Pb 80 Sn	電球用その他高温用
Pb 90 Sn	
Pb 95 Sn	製缶用など
Pb 98 Sn	
Sn 43 PbBi 14	特殊用（電気・電子工業関係），低温用
Bi 58 Sn	
Sn 62 PbAg 2	銀電極，銀－パラジウム導体用，銀食われ防止用
Sn 96.5 Ag	特殊用，毒性がないので食器用，銅配管用，高温用
Sn 95 Sb	特殊用，銅配管用，高温用
Pb 97.5 Ag	高温用，特殊用
Pb 97.5 SnAg 1.5	

表7-3 線状のはんだの標準寸法

(単位 mm)

形　状	外　径	許　容　差
線状 W	0.2	±0.03
	0.3	
	0.4	
	0.5	±0.05
	0.6	
	0.7	
	0.8	±0.1
	1.0	
	1.2	
	1.6	
	1.8	
	2.0	
	2.5	
	3.0	
	3.2	
	4.0	
	5.0	

7・4　やに入りはんだ（JIS Z 3283）

やに入りはんだは，主として電気機器，電子機器，通信機器などの配線の接続および部品の接続に使用されている．はんだは JIS Z 3282 により規定された A 級のものを使用し，A 級のはんだにフラックスを芯として線状に加工したものがやに入りはんだである．

やに入りはんだの種類は，はんだの化学成分とフラックスの等級により，**表 7-4** に示すように分類されている．また，やに入りはんだのフラックスの特性は，フラックスの塩素含有量により，**表 7-5** に示すように AA，A および B の 3 種類に分類されている．

やに入りはんだに用いるフラックスは，樹脂または活性化した樹脂で，その塩素含有量は 0.1～1.0 ％以下で，はんだおよびフラックスは，それぞれの品質が均一で，特にフラックスが長さの方向に一様に連続して充填されている．

やに入りはんだの寸法およびその許容差は，**表 7-6** に示すようにはんだの外径により 12 種類に分類されている．やに入りはんだの製品の呼び方は，やに入りはんだの種

表 7-4　やに入りはんだの種類

（JIS Z 3283 より抜粋）

種　　類	はんだの中のすずの含有量および許容差％（質量）	フラックスの等級
RH 63	63±1	AA
		A
		B
RH 60	60±1	AA
		A
		B
RH 55	55±1	AA
		A
		B
RH 50	50±1	AA
		A
		B
RH 45	45±1	AA
		A
		B
RH 40	40±1	AA
		A
		B

備考　種類の RH は，R は Resin，H は Handa の頭文字を表し，やに入りはんだを意味する．

表7-5　やに入りはんだのフラックスの特性

(JIS Z 3283 より抜粋)

項目　フラックスの等級		AA	A	B
乾燥度		試験片は，いずれからもチョークの粉末が容易に除去できること		
塩素含有量〔%〕		0.1 以下	0.1 を超え 0.5 以下	0.5 を超え 1.0 以下
腐食	銅板腐食	試験片は，いずれも比較試験片と比較して腐食が大でないこと		
	銅鏡または銅めっき板腐食	試験片は標準フラックスと比較して腐食が大でないこと		
水溶液抵抗〔Ωm〕		1 000 以上	500 以上	
絶縁抵抗		1×10^{12} 以上	1×10^{11} 以上	1×10^{9} 以上
電圧印加耐湿性	Ω	1×10^{12} 以上	1×10^{11} 以上	1×10^{9} 以上
	目視	試験片の各部に著しい腐食がないこと.		
広がり率〔%〕		75 以上	80 以上	80 以上

表7-6　やに入りはんだの寸法および許容差

外径〔mm〕	許容差〔mm〕	参　考 1巻の標準質量〔kg〕
0.3	±0.03	
0.4		
0.5	±0.05	
0.6		
0.7		0.25
0.8	±0.1	0.5
1.0		1
1.2		2
1.6		5
2.0		
2.3		
3.0		

類，寸法およびフラックスの等級の順に示す．例えば，すずの含有量が63%，はんだの外形が1.6 mm，フラックスの等級がA級のやに入りはんだでは，次に示すように呼ぶ．

RH 63 - 1.6 - A
種類　　外径　フラックスの等級

やに入りはんだは巻わくに巻かれている．1巻の標準質量は0.25 kg，0.5 kg，1 kg，2 kg および5 kg のものが作られている．また，やに入りはんだのフラックスの芯数は，単心（1C）および3心（3C）のものがJISで規定されていたが，1965年のJISの改正の

際に 3 芯のものが削除された.

7・5　はんだ付けの手順

　良いはんだ付けを行うには, はんだ付けの手順が大切である. そこで下記に良いはんだ付けを行う際の手順について述べる.

(1)　はんだ付けを行う母材表面(端子接続では端子が母材となる)が汚れている場合には, アルコールまたはベンジンを用いて汚れを拭き取る. 汚れを拭き取った後で, 特に, 油脂や手あかなどが付着しないように注意する. また, さびなどによる汚れがある場合には, 紙やすりなどを用いてさびを落とし母材の表面を清潔にする.

(2)　接合する部分をあらかじめはんだ付けをしておく. これを予備はんだと呼ぶ. また, 接続する部品のリード線や配線などにも予備はんだを施しておくと, はんだ付け作業が容易となる.

(3)　端子などの接合部に, 部品や配線などを接続する場合には, 端子の接合部に部品のリード線や配線をからげてはんだ付けを行う. このように部品のリード線や配線を端子にからげる場合, 部品のリード線や配線が動かないようにしっかりとからげておかなければならない.

(4)　はんだごてのこて先で接合部を加熱する. この場合, はんだごてのこて先は, 熱伝導を良くするために, 少量のはんだでこて先をぬらしておく.

(5)　接合部が加熱され, はんだの溶融温度に達するとやに入りはんだを直接接合部に供給する. このとき注意することは, やに入りはんだをこて先に供給し, こて先に付いているはんだを用いて接合部をはんだ付けしてはならない.

　　この理由は, 接合部(母材)の温度がはんだの溶融温度に達していると, 接合部に直接供給したやに入りはんだが溶融するとともに, はんだの芯に入っているフラックス(やに)が溶けて活性化し, 母材表面を清浄化してはんだの流れを良くするからである.

　　こて先にやに入りはんだを供給すると, こて先でフラックスが活性化するため母材表面では活性化が生じない. したがって, 母材表面での清浄作用が生じないためにはんだの流れが生じない場合がある.

(6)　はんだの流れをよく見て, 確実にはんだが流れたことを確認し, そこで手早くはんだごてのこて先を離す.

(7)　はんだ付けされた接合部が十分に冷却されるまでは, 絶対に接合部を動かしてはならない.

(8)　フラックスを除去する必要がある場合には, アルコールなどの溶剤を用いてフラックスを洗浄して除去する.

以上に述べたはんだ付けの手順とその注意事項を**図 7-3** に示す.

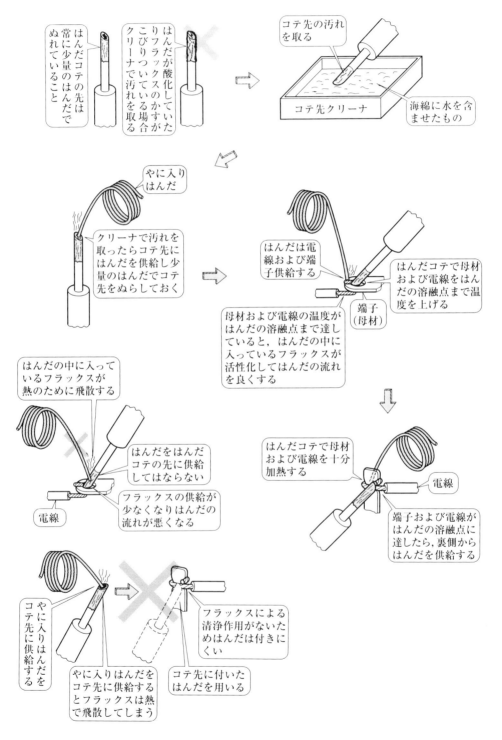

図 7-3　電気はんだこてによるはんだ付け

7·6 端子と配線用電線とのはんだ付け接続

はんだ付け接続を行う端子には，端子に穴のあいている穴端子と，穴のあいていない無穴端子とがある．これらの端子に電線を接続するには，穴端子では引っかけからげ接続，無穴端子では巻付けからげ接続を行い，電線を端子にからげたのちに，接続部をはんだ付けを行って固定する．

これらの引っかけからげ接続および巻付けからげ接続を**図7-4**に示す．端子と配線とのはんだ付け接続において，良いはんだ付けとは，はんだにより端子がよくぬれていることである．また，接続されている電線の素線にはんだがむらなく薄く覆っていて，電線の素線が外部からかすかに想像でき，さらに，接続した部分のはんだに光沢があり，かつ，はんだがよく流れていて裾を引いていることである．

端子接続では，はんだが接続部を完全に覆い，かつ，十分にはんだが回っていることが必要である．はんだ付けによる端子接続で注意することは，端子の裏側にはんだが回っていない場合が多い．したがって，端子の裏側にも十分にはんだが回るように注意しながらはんだ付けを行う．これらの配線用の電線と端子とをはんだ付けするに際しての注意事項を**図7-5**に示す．

このほか，はんだ付けの信頼性が要求される航空機用電気・電子機器のはんだ付けについて，JIS W 7204では，端子と電線の接続に関しては，**図7-6**に示すようにはんだ付けに対しての合格，不合格の基準について示されている．したがって，これらの基準を参考にしてより良いはんだ付けを行うための資料として使用することができることと思われる．

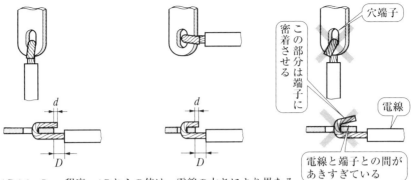

$\begin{pmatrix} D：1\sim5\text{mm程度} \\ d：0\sim1\text{mm程度} \end{pmatrix}$　$\begin{pmatrix} \text{これらの値は，電線の太さにより異なる} \\ \text{大体の目安としては，} D \text{は電線の直径の} \\ 2\text{倍程度までとする} \end{pmatrix}$

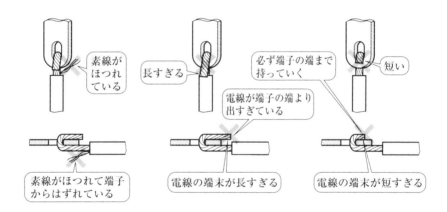

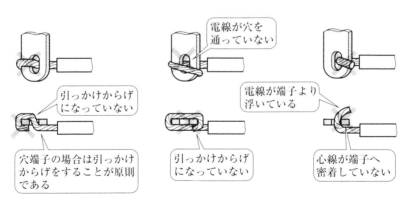

（a）端子に接続する電線が1本の場合（引っかけからげ接続）

図7-4　電線の端子へのはんだ付け接続（a）

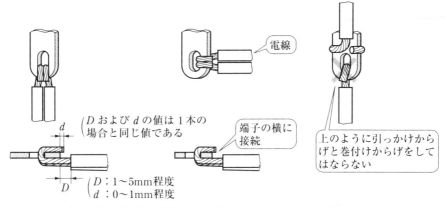

（b）端子に接続する電線が2本の場合（引っかけからげ接続）

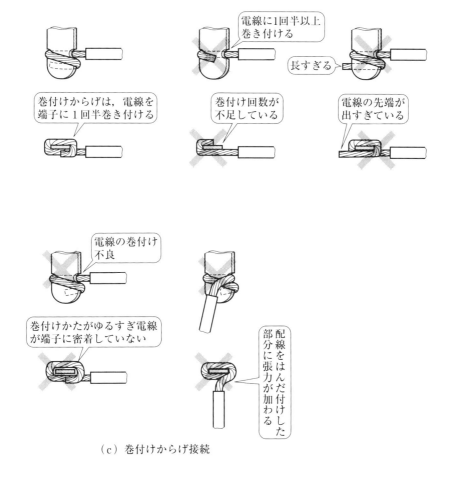

（c）巻付けからげ接続

図7-4　電線の端子へのはんだ付け接続（b）（c）

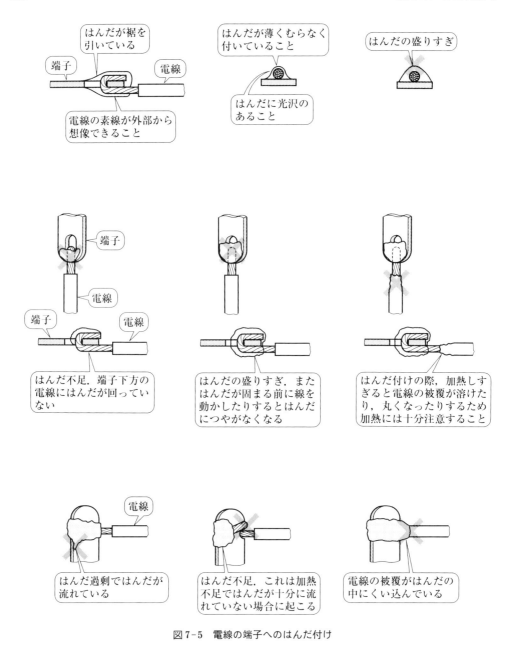

図7-5　電線の端子へのはんだ付け

●合格（最低のはんだ量）
電線またはリード線の
巻付け部の全長がちょ
うど完全にはんだで覆
われている.
はんだは電線と端子を
ぬらしてフィレットの
形成が見られる.

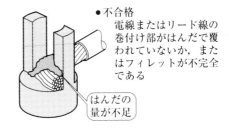
●不合格
電線またはリード線の
巻付け部がはんだで覆
われていないか，また
はフィレットが不完全
である
はんだの
量が不足

●合格（最大のはんだ量）
巻付け部の全長にわた
って電線の外形がはっ
きりしていない.
はんだは電線またはリ
ード線と端子とをぬら
している.

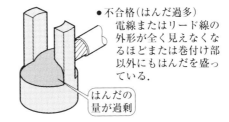
●不合格（はんだ過多）
電線またはリード線の
外形が全く見えなくな
るほどまたは巻付け部
以外にもはんだを盛っ
ている.
はんだの
量が過剰

（a）端子への電線およびリード線の接合部（二また端子）

●合格（最少量のはんだ）

●不合格
はんだの
量が過剰

電線またはリード線に沿って最少量の
はんだがある. 端子の中で電線または
リード線の端部が見分けられる.

はんだが端子の上部に盛り上がっている.
端子内の電線またはリード線が見えない.

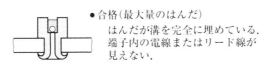
●合格（最大量のはんだ）
はんだが溝を完全に埋めている.
端子内の電線またはリード線が
見えない.

（b）端子への電線およびリード線の接合部（小溝付き端子）

図7-6　航空機用電気・電子機器のはんだ付けの基準（JIS W 7204 より抜粋）（a）（b）

●合格（最少量のはんだ）
はんだが電線またはリード
線の巻付け部を完全に覆っ
ている．はんだが端子と電
線またはリード線をぬらし
て，フィレットが形成され
ている．

電線

●不合格（はんだ不足）
はんだが電線またはリード
線の巻付け部を覆っていな
いか，またはフィレットが
不完全である．

はんだ不足

●合格（最大量のはんだ）
巻付け部の形状が全くわか
らなくなるほどは，はんだ
を盛っていない．
はんだは端子と電線または
リード線をぬらしている．

●不合格（はんだ過多）
巻付け部の電線またはリー
ド線の形状が全くわからな
くなるほどはんだが盛られ
ている．

はんだの
量が過剰

（ c ）端子への電線およびリード線の接合部（タレット端子）

●合格（最少量のはんだ）
はんだが電線またはリード
線の巻付け部をちょうど完
全に覆っている．
はんだは端子と電線または
リード線とをぬらして，フ
ィレットを形成している．

●不合格（はんだ不足）
はんだが電線またはリード
線の巻付け部を覆っていな
いか，またはフィレットが
不完全である．

はんだの
量が不足

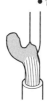

●合格（最少量のはんだ）
巻付け部の形状が全くわか
らなくなるほどは，はんだ
を盛っていない．
はんだは端子と電線または
リード線をぬらしている．

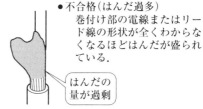

●不合格（はんだ過多）
巻付け部の電線またはリー
ド線の形状が全くわからな
くなるほどはんだが盛られ
ている．

はんだの
量が過剰

（ d ）端子への電線および部品のリード線の接合部（フック端子）

図 7-6　航空機用電気・電子機器のはんだ付けの基準（JIS W 7204 より抜粋）(c)(d)

●合格（最少量のはんだ）
はんだがカップをほぼ満たしており，接合部またはカップ面にはんだが流れている．
リード線または電線とカップとの間をはんだがぬらしている．カップ外面のはんだは薄い皮膜状である．

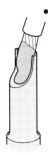

●不合格
はんだ不足またはぬれ不足

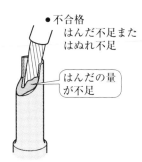

> はんだの量が不足

●合格（最大量のはんだ）
はんだがカップからはみ出るほど盛られているが，こぼれていない．
電線またはリード線とカップとの間をはんだがぬらしている．

●不合格
はんだ過多．はんだがカップ側面へ流れている．

> はんだの量が過剰

（e）ソルダカップへの電線および部品のリード線の接合部

図7-6　航空機用電気・電子機器のはんだ付けの基準（JIS W 7204 より抜粋）（e）

電子回路の組立と配線

電力回路にも半導体素子や電子部品を用いた電力電子回路が多く用いられ始めた．第8章では，これらの半導体素子や電子部品を用いた電子回路を組み立てるに際して，電子部品の端子やプリント基板への取付け方，電子部品への配線および電子部品のリード線のはんだ付け等について述べる．

8・1 端子板への電子部品と半導体素子の取付け方

端子板に電子部品や半導体素子などを取り付ける場合，その取付け方についての仕様書や部品取付け用の図面があれば，それらの指示に従って電子部品や半導体素子を端子板に取り付ける．もし，これらの指示がない場合には，次に述べるような方法により，電子部品や半導体素子を端子板に取り付ける．

まず，電子部品や半導体素子を端子板に取り付ける前に，これらの部品のリード線を加工しやすいように真っ直ぐに延ばす．リード線の延ばし方は**図8-1**に示すように部品を指先で持ち，ピンセットを用いて部品のリード線を軽くしごくようにして真っ直ぐに延ばす．部品が小さくて無理にリード線を引っ張ると破損する恐れのある部品では，部品の根元を丸ペンチなどを用いて，リード線を傷つけないように軽くくわえ，ピンセットを用いてリード線に曲がりなどがないように整形する．

部品のリード線の整形が終わると，次に端子の間隔に合わせてリード線を曲げなければならない．リード線の曲げには丸ペンチを用いる．リード線の曲げる位置を丸ペンチでくわえて指先でリード線を曲げる．このとき，部品のリード線を極端に直角に曲げないように注意しながら緩やかに曲げる．

リード線を曲げる方向は，**図8-2**に示すように部品に表示されている記号や数値が，部品の真上にくるようにリード線を曲げる．例えば，抵抗器の場合には抵抗値が，コンデンサではコンデンサの容量の値が読めるようにする．また，半導体素子やダイオードなどで，その記号や数値が円周上に沿って書かれている場合には，記号の末尾の数字が真上にくるようにリード線を曲げる．

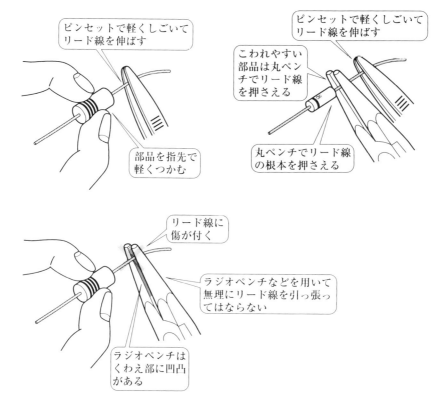

図 8-1　電子部品のリード線の処理

表 8-1　電子部品のリード線の曲げ寸法

（a）　リード線の直径と最小曲げ半径　　（JIS W 7204 より抜粋）

リード線の直径	最小曲げ半径（R）
0.70 mm 　　　　　（0.027 in）まで	直径×1.0
0.71〜1.20 mm（0.028〜0.047 in）	直径×1.5
1.21 mm 　　　　　（0.048 in）以上	直径×2.0

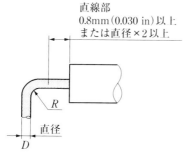

（b）　標準のリード線の曲げ

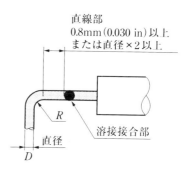

（c）　接合したリード線の曲げ

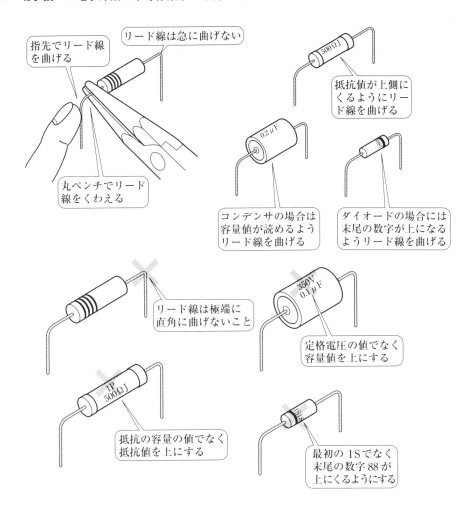

図 8-2　電子部品の表示の方向とリード線の曲げ方

　航空機に使用されている電子部品の曲げに関しては JIS で定められている．JIS で定められている規格では，部品本体またはリード線の溶接接合部とリード線の屈曲部との距離は，少なくともリード線の直径の 2 倍以上か，0.8 mm 以上のどちらか大きい方の値でなければならない．

　このように部品のリード線の曲げ半径は，**表 8-1** に示す値となるようにリード線を曲げて端子板に取り付ける．

　端子板が取り付けられる方向が縦の場合，縦方向に取り付けられた端子板に部品を取り付けると，取り付けられた部品の方向は横方向となる．このように部品が端子板に横方向に取り付けられた場合，部品に表示されている記号や数値の方向は，**図 8-3** に示すように，部品を正面から見て部品の定格などの表示が左側から右側に向かって読み取れるように部品を取り付ける．

　また，端子板が取り付けられる方向が横の場合，部品の取り付けられる方向が縦方向

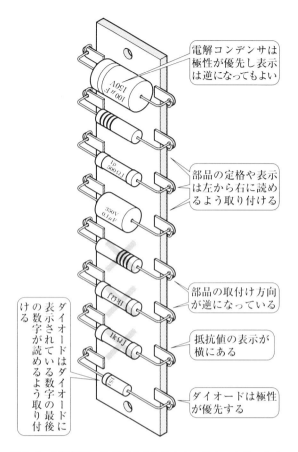

電解コンデンサは極性が優先し表示は逆になってもよい

部品の定格や表示は左から右に読めるよう取り付ける

部品の取付け方向が逆になっている

抵抗値の表示が横にある

ダイオードは極性が優先する

ダイオードはダイオードに表示されている数字の最後の数字が読めるよう取り付ける

図8-3　電子部品の取付け方向が横向きの場合の表示の向き

となる．このように部品が縦方向に取り付けられた場合，部品に表示されている記号や数値の方向は，**図8-4**に示すように，部品を正面から見て部品の定格などの表示が下側から上側に向かって読み取れるように部品を取り付ける．

　ただし，極性を有する電解コンデンサやダイオードなどの半導体素子では，極性を優先させて表示が読み取れるように部品を取り付ければよい．また，端子板に余裕がある場合には，発熱するような部品，例えば容量の大きな抵抗器を取り付けるような場合には，**図8-5**に示すようにできるだけ他の部品が近づかないように配置する．発熱しない部品同士では，部品と部品との間隔は3mm以上間隔をあけるようにして部品を取り付ける．

　端子板に部品を取り付けるにあたって，部品のリード線の曲げ方は**図8-6**に示すように，リード線の左右の長さが等しくなるように曲げる．電子部品は端子板に密着させて取り付けてもよいが，発熱する抵抗器などの電子部品は端子板の板面より1〜5mm程度浮かして取り付ける．

　電子部品のリード線を端子板の端子に接続するには，**図8-7**に示すように穴端子の

場合には，リード線は引っかけからげにより端子に接続する．また，無穴端子ではリード線を端子に巻付けからげを行って接続する．

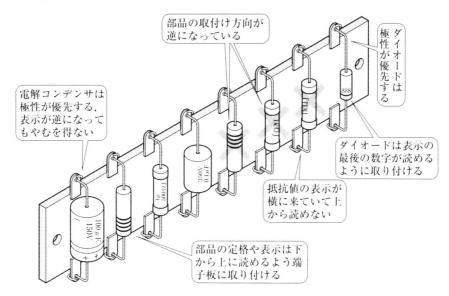

図8-4　電子部品の取付け方向が縦向きの場合の表示の向き

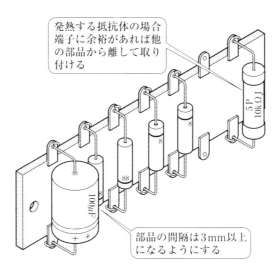

図8-5　端子板に取り付ける電子部品の間隔

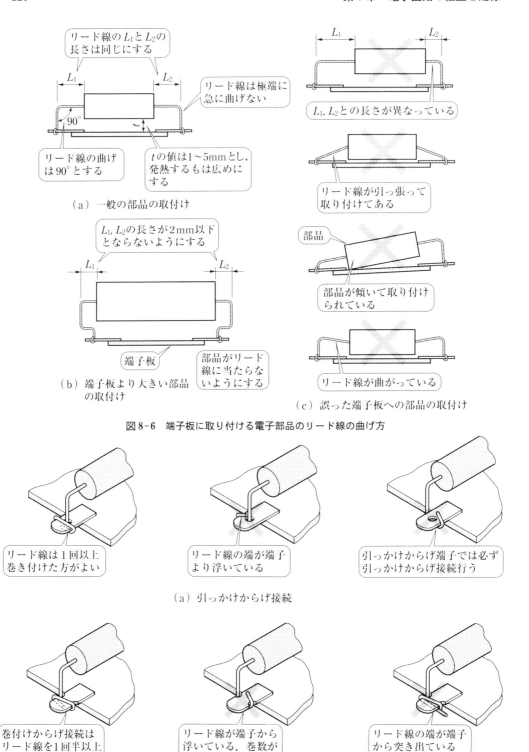

図 8-6　端子板に取り付ける電子部品のリード線の曲げ方

（a）一般の部品の取付け

リード線の L_1 と L_2 の長さは同じにする

リード線は極端に急に曲げない

リード線の曲げは 90°とする

t の値は 1～5mm とし，発熱するもは広めにする

L_1, L_2 との長さが異なっている

リード線が引っ張って取り付けてある

部品

部品が傾いて取り付けられている

リード線が曲がっている

（c）誤った端子板への部品の取付け

（b）端子板より大きい部品の取付け

L_1, L_2 の長さが 2mm 以下とならないようにする

端子板

部品がリード線に当たらないようにする

リード線は 1 回以上巻き付けた方がよい

リード線の端が端子より浮いている

引っかけからげ端子では必ず引っかけからげ接続行う

（a）引っかけからげ接続

巻付けからげ接続はリード線を 1 回半以上巻き付けた方がよい

リード線が端子から浮いている．巻数が不足している

リード線の端が端子から突き出ている

（b）巻付けからげ接続

図 8-7　電子部品のリード線の端子板端子への接続

8·2 プリント基板への電子部品の取付け方

プリント基板に電子部品を取り付けるには，部品を基板に密着させて取り付ける方法と，部品とプリント基板の間に隙間を設けて取り付ける方法とがある．電子部品をプリント基板に密着して取り付ける場合は，図8-8に示すように部品が基板の表面から0.5 mm以上離れないようにして取り付ける．また，部品を基板の表面から離して取り付け

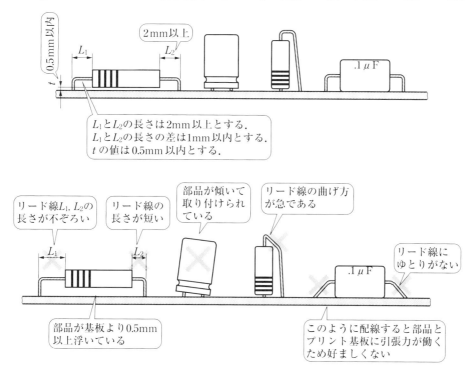

図8-8　電子部品のプリント基板への取付け

る場合には，図8-9に示すように部品は基板の表面から3～8 mm程度浮かして取り付ける．

部品を基板の表面から離して取り付ける方法は，容量の値が大きな抵抗器，セラミックコンデンサ，ダイオード，トランジスタおよびICなどを取り付ける際によく用いられている．なお，一定の隙間を作るには，図8-10に示すように5～10 mm程度の長さに切ったスリーブ（絶縁チューブ）を部品のリード線に挿入し，基板の表面から電子部品を5 mm程度浮くようにして取り付けている．

1 電子部品のリード線の処理

プリント基板のパターンのランドに電子部品を接続するには，部品のリード線をランドにはんだ付けして接続を行っている．この場合，部品のリード線は，図8-11に示す

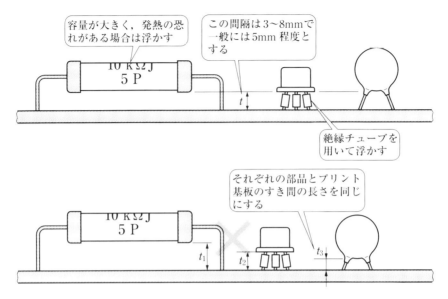

図8-9　プリント基板と電子部品との間隔

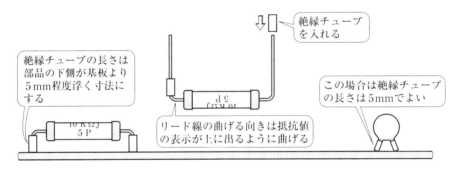

図8-10　スリーブを用いた電子部品のプリント基板への取付け

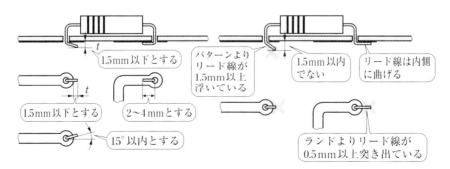

図8-11　プリント基板ランド上の電子部品のリード線の処理

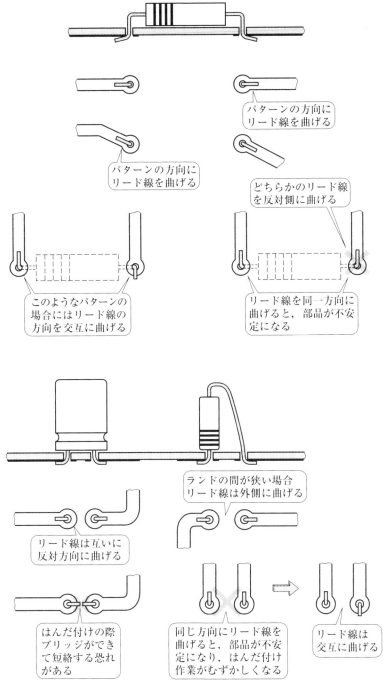

パターンの方向に
リード線を曲げる

パターンの方向に
リード線を曲げる

どちらかのリード線
を反対側に曲げる

このようなパターンの
場合にはリード線の
方向を交互に曲げる

リード線を同一方向に
曲げると，部品が不安
定になる

ランドの間が狭い場合
リード線は外側に曲げる

リード線は互いに
反対方向に曲げる

はんだ付けの際
ブリッジができ
て短絡する恐れ
がある

同じ方向にリード線を
曲げると，部品が不安
定になり，はんだ付け
作業がむずかしくなる

リード線は
交互に曲げる

図8-12　電子部品のリード線の曲げ方

ようにランドの上で折り曲げている．部品のリード線の曲げ寸法は2〜4mm程度とし，ランドからの突出し寸法は0.5mm以内となるようにする．また，電子部品をプリント基板に取り付ける際，リード線は**図8-12**に示すように，交互に曲げて部品を固定する

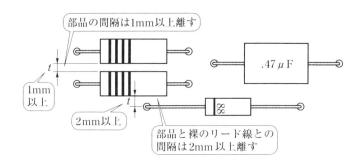

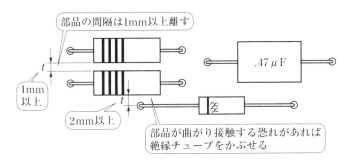

図 8-13　電子部品の間隔とリード線の位置

ようにして取り付ける.

　プリント基板は,電子部品を取り付ける位置については十分考慮された設計がなされている.したがって,部品相互間の間隔は 1 mm 以下となることはない.しかし,リード線の間隔は必ず 2 mm 以上離れるように注意する.もし,**図 8-13** に示すように,リード線が接触する恐れがある場合には,裸のリード線には絶縁チューブをかぶせて部品を取り付けるようにする.

8・3　電子部品のプリント基板への取付け方向

　電子部品をプリント基板に取り付けるには,部品を取り付ける方向が仕様書や図面で指定されている場合は,その指示に従って取り付ける方向を間違わないように部品を取り付ける.

　部品の取り付ける方向に関しての指定がない場合には,**図 8-14** に示すように配線用の端子または接続用のコネクタ端子を下にして,部品の定格値,抵抗値,容量値などの表示値や記号が下側から上側に,または,左側から右側に読めるように部品をプリント基板に取り付ける.ただし,電解コンデンサやダイオードなどでは極性により方向が定まる.したがって,極性を優先して表示や記号が読み取れるように取り付ければよい.

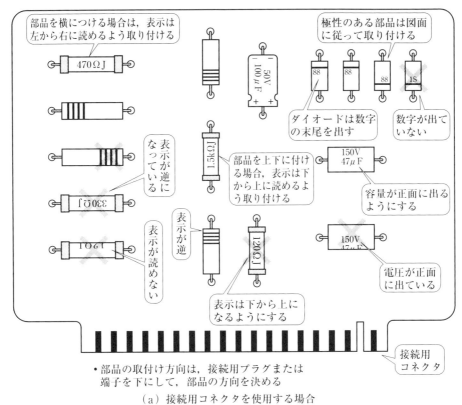

（a）接続用コネクタを使用する場合

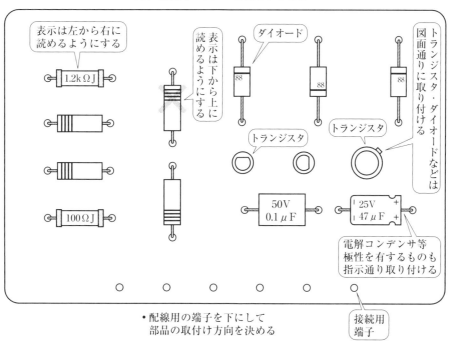

（b）接続用端子を使用する場合

図8-14　電子部品のプリント基板への取付け方向

8・4　電子部品のプリント基板へのはんだ付け

電子部品をプリント基板にはんだ付けする際に使用する電気はんだこての容量は, 15〜30W 程度の容量のもので絶縁階級が AA 級または A 級の電気はんだこてを使用する. こて先の温度は 250〜280℃で, はんだ付けする作業時間は 4 秒以内とし, 2〜3 秒以内に終わるのが最適なはんだ付け作業である. あまり長時間加熱するとプリント基板のランドが熱によって剥離する恐れが生じる. したがって, はんだ付けの作業時間には十分に注意してはんだ付け作業を手早く行わなければならない.

電子部品のリード線やプリント基板のランドなど, はんだ付けする部分が手あかやほこり, ごみなどが付着していないことを確認してからはんだ付け作業にはいる. 良いはんだ付けとは, **図 8-15** に示すようにはんだが完全にリード線を覆い, リード線の形状がはんだを通して想像でき, はんだが裾を引き, かつ, はんだにつやがある状態が最良のはんだ付けである.

はんだ付け作業において, **図 8-15** に示したようにはんだの盛りすぎや, また, 不足のないように注意してはんだ付けを行う. 電気はんだこてのこて先の温度が低いとはんだが流れない. はんだが流れないためにぬれが生じずはんだに角が突き出したりする.

したがって, こて先の温度の管理には十分に注意して**図 8-16** に示す手順に従ってはんだ付け作業を行う. なお, はんだ付けを行うに当たってはんだの供給は, 必ずはんだ付けする箇所に供給し, 決してはんだこてのこて先に供給して, こて先に供給したはんだを用いてはんだ付けを行ってはならない.

プリント基板に電子部品を接続するために行われたはんだ付け作業の評価を行うには, 評価の規定として JIS W 7204 により「航空機用電子・電気機器の端子と電線の接続」に関してはんだ付けに対しての合格, 不合格の基準について JIS で示されている.

まず, JIS では**図 8-17** に示すように, ランド部のめっきスルーホール接合部, めっきなしスルーホール部のはんだ付けについての規定が示されている. また, **図 8-18** に示すように平面取付け部品のはんだつけの評価に関する規定が JIS W 7204 で定められている. これらを参考にしてはんだ付けの評価を行えば良い.

8・5　プリント基板への電気配線の接続

電子部品を取り付けたプリント基板や, 基板用のソケットへの配線の接続には, はんだ付けによる場合が多い. しかし, 電子部品の小型化に伴って配線本数も多くなり, はんだ付け作業が困難な箇所も多くなってきた. そこで, 密集した端子に効率良く信頼性の高い接続を行うために, ワイヤラッピングによる接続法が用いられるようになってきた. ここでは, ワイヤラッピングによる電気配線の接続について述べる.

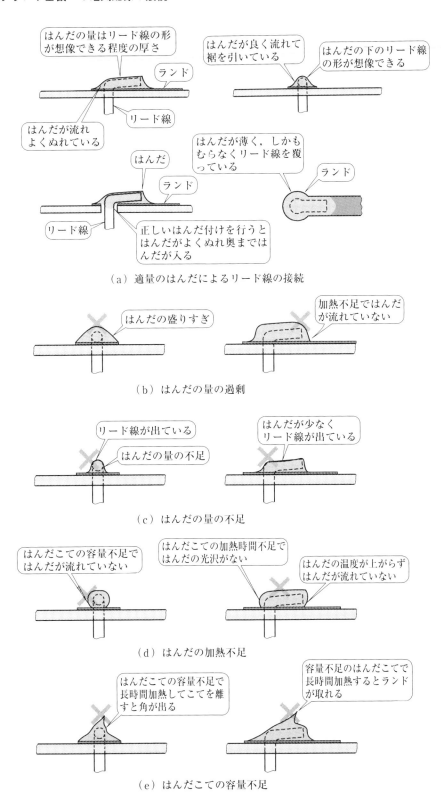

図 8-15　電子部品のリード線のランドへのはんだ付け

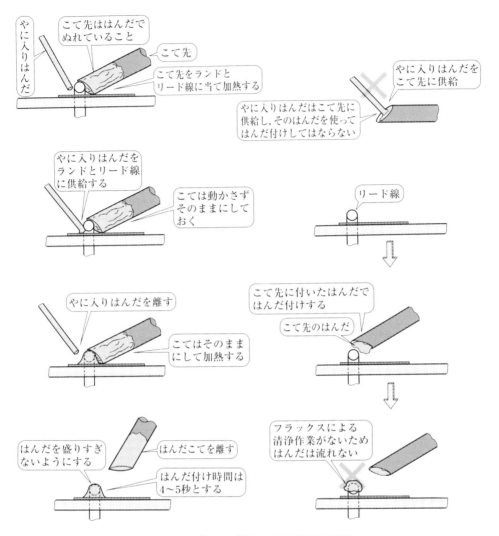

図 8-16   プリント基板へのはんだ付けの手順

1   ワイヤラッピングに用いる工具

　ワイヤラッピング接続は，単線を角のある棒状の端子に電線に張力を加えながら巻き付ける．この電線の圧着力で電線と端子の角との間に金属の拡散作用が生じる．この金属間の拡散作用によってはんだ付けと同様な合金層が生じて金属間の接合ができる．

　このように，電線を一定の力で端子に巻き付けるには専用の工具が必要である．このラッピング用の工具としては電動式，圧縮空気式および手動式の工具がある．一般には図 8-19 に示すような電動式のものが多く使用されている．また，ワイヤラッピングによる接続に使用される電線は，図 8-20 に示すようなラッピング用の単線が市販されている．

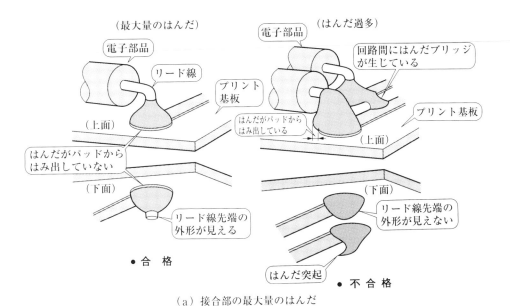

（a）接合部の最大量のはんだ

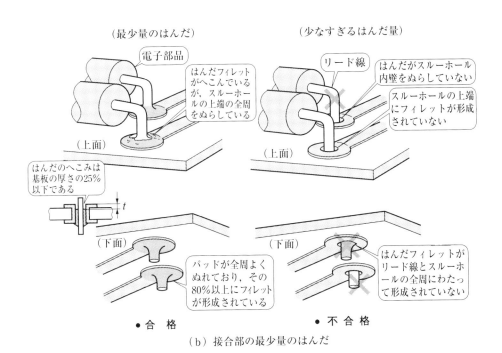

（b）接合部の最少量のはんだ

図8-17 めっきスルーホール部のはんだ付けの良否（JIS W 7204 より抜粋）（a）（b）

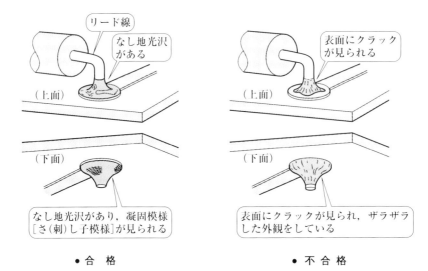

（c）接合部のはんだの表面

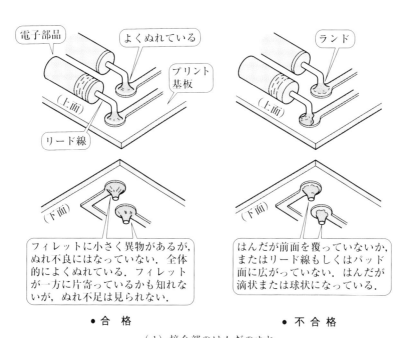

（d）接合部のはんだのぬれ

図8-17　めっきスルーホール部のはんだ付けの良否（JIS W 7204 より抜粋）(c)(d)

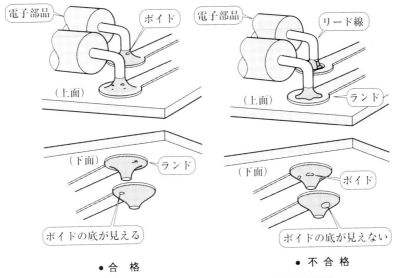

（e）めっきスルーホール接合部のボイド（空洞）

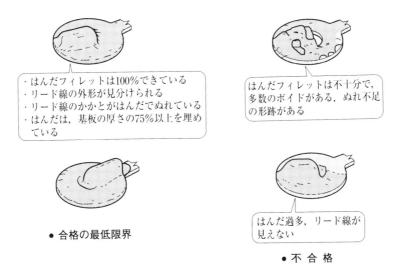

（f）めっきスルーホール部を折り曲げたリード線および電線

図8-17　めっきスルーホール部のはんだ付けの良否（JIS W 7204 より抜粋）（e）（f）

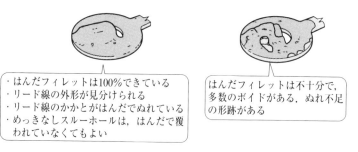

・はんだフィレットは100%できている
・リード線の外形が見分けられる
・リード線のかかとがはんだでぬれている
・めっきなしスルーホールは，はんだで覆
　われていなくてもよい

はんだフィレットは不十分で，
多数のボイドがある．ぬれ不足
の形跡がある

はんだ過多，
リード線が
見えない

●合格の最低限界　　　　　　　　●不　合　格

（g）めっきなしスルーホール部の折り曲げたリード線および電線

図8-17　めっきスルーホール部のはんだ付けの良否（JIS W 7204 より抜粋）（g）

2　ワイヤラッピングによる電線の接続

　配線用の電線を端子に接続するには，ラッピング用単線の絶縁被覆を取らなければな
らない．絶縁被覆を取る長さは**表8-2**に示すように使用する角端子の大きさによって
異なってくる．ワイヤラッピング接続を行うには，**図8-21**に示すように絶縁被覆を取
った電線の素線をラッピング工具のピットに設けられている電線の素線を挿入する口に，
電線の被覆が当たるまで挿入する．

　次に，ワイヤラッピング用の電線をピットのスリーブに対して直角に曲げる．その際，
電線の素線は必ずノッチに入れて曲げなければならない．電線を曲げたらラッピング用
端子にピットの先端を挿入し，ラッピング工具を端子に押しつけないように軽く持ち，

表8-2　ラッピングワイヤの処理

線　径〔mm〕	角 端 子〔mm〕	被覆を取る長さ〔mm〕	有効巻き回数〔回〕
0.26	0.6	28±1	9 以上
0.32	0.8	32±1	8 以上
0.4	0.8	35±1	8 以上
	1.0	44±1	8 以上
0.5	0.8	30±2	6 以上
	1.0	37±2	6 以上
0.65	1.0	42±2	6 以上

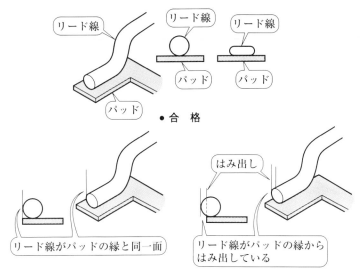

● 合　格

● 合格の最低限界　　　　　　　● 不 合 格

備考：丸形リード線，平形リード線または押しつぶれたリード線は，
　　　パッドの側面からはみ出してはならない

（a）平面取付け部品の位置決め

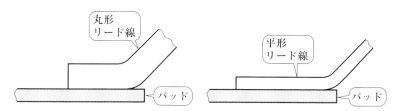

備考：丸形リード線，平形リード線または押しつぶれたリード線は，
　　　パッドの側面からはみ出してはならない

（b）平面取付け部品のリード線の位置決め

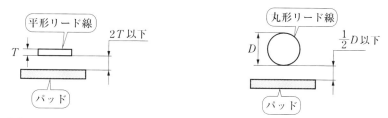

備考：リード線は，平形リード線については厚さ(T)の2倍まで，丸形リード線
　　　については直径(D)の1/2まで浮き上がっていてもよい

（c）平面取付け部品の位置決め

図8-18　平面取付け部品のはんだ付け（JIS W 7204 より抜粋）（a）〜（c）

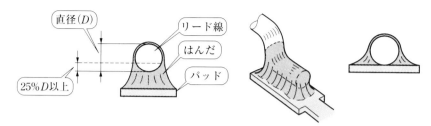

備考：丸形リード線のはんだフィレットの高さは，リード線の直径の25％以上で
　　　なければならない．
　　　リード線の外形がわからなくなるほどはんだが多くてはならない．

（ d ）平面取付け部品のフィレット

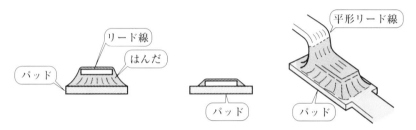

備考：平形リード線のはんだフィレットは，パッドからリード線の上面まで立ち上がって
　　　いなければならない．
　　　リード線の外形がわからなくなるほどはんだが多くてはならない．

（ e ）平面取付け部品のフィレット

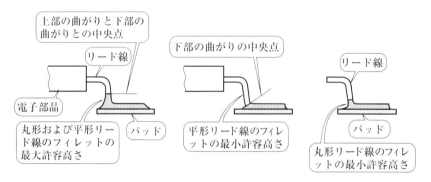

備考：リード線のかかととパッドとの間に連続したフィレットが形成されていなければな
　　　らない．平形リード線では，下部の曲がりの中央点まではんだフィレットが形成さ
　　　れていなければならない．丸形リード線では，下部の曲がり全体を覆ってフィレッ
　　　トが形成されていなければならない．どんなリード線でも，はんだフィレットは，
　　　上部の曲がりと下部の曲がりとの中央点を超えてはならない．

（ f ）平面取付け部品のフィレットの許容高さ

図 8-18　平面取付け部品のはんだ付け（JIS W 7204 より抜粋）(d)〜(f)

図8-19　電動式ワイヤラッピング工具

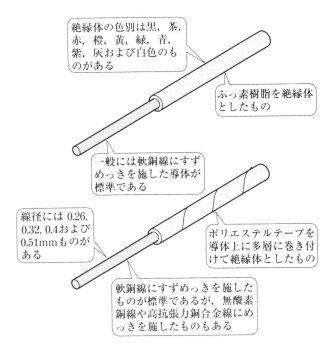

絶縁体の色別は黒，茶，赤，橙，黄，緑，青，紫，灰および白色のものがある

ふっ素樹脂を絶縁体としたもの

一般には軟銅線にすずめっきを施した導体が標準である

線径には 0.26, 0.32, 0.4 および 0.51mm ものがある

ポリエステルテープを導体上に多層に巻き付けて絶縁体としたもの

軟銅線にすずめっきを施したものが標準であるが，無酸素銅線や高抗張力銅合金線にめっきを施したものもある

図8-20　ラッピングワイヤ

少し引き上げ気味にして工具のスイッチを閉じる．ビットの回転数が上がったらスイッチを開き，最後にラッピング工具を端子から引き上げて接続が完了する．

　なお，ラッピング工具のビットは使用する電線の太さにより交換する必要がある．また，**図8-22** に示すようにワイヤラッピングによる端子への電線の巻付けには，巻き付けた状態が図に示したように2種類あり，それぞれの電線の巻付けには専用のビットを使用しなければならない．

　ワイヤラッピングの巻き方のうち，標準巻きは一般によく用いられている方法である．被覆1回巻きというのはラッピング用の電線の素線が端子の根本の部分で折れる心配のある場合に用いるもので，電線の素線を保護するために電線の被覆の部分を端子に1回巻き付けたものである．

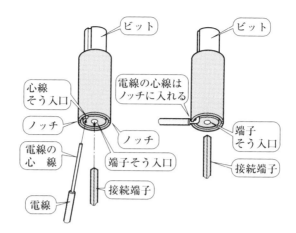

図8-21　ラッピングワイヤの着装

（a）標準巻き　　　　　　　　　　　　　　　（b）被覆1回巻き

図8-22　ワイヤラッピング接続

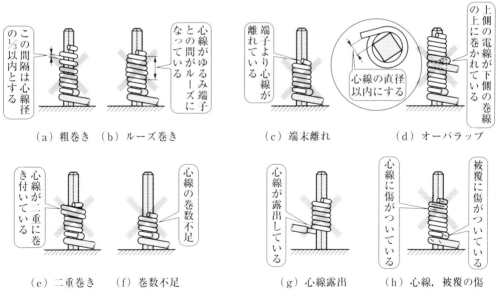

（a）粗巻き　（b）ルーズ巻き　　　　（c）端末離れ　　　　（d）オーバラップ

（e）二重巻き　（f）巻数不足　　　　（g）心線露出　　　　（h）心線，被覆の傷

図8-23　ワイヤラッピング接続の接続不良

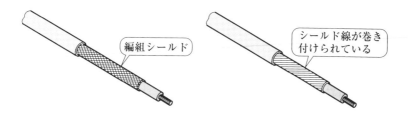

図 8-24　シールド電線の種類

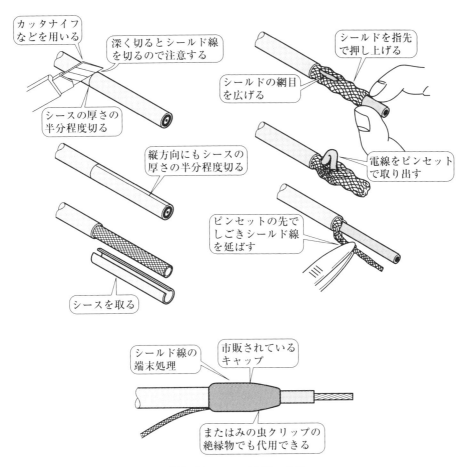

図 8-25　シールド電線の処理

　このように，ワイヤラッピングにより端子に電線を接続する方法および使用する電線の太さによってラッピング工具のビットを選ばなければならない．なお，**図 8-23** には巻付け不良の状態を示したもので，このような巻き方となった場合には，手動による電線の巻戻し工具を用いて電線を巻き戻して端子から電線を取り外す．決して無理に端子から電線を引き抜いたりはしないように注意する．また，取り外した電線は再び使用してはならない．

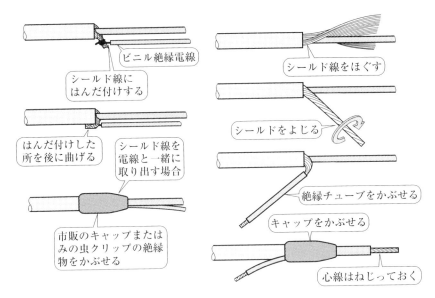

図8-26　シールド電線の端末の処理の手順

8·6　シールド電線の端末処理

　電子回路は，外来のサージやノイズなどにより誤動作する恐れがある．特に，制御盤などで大きな容量の負荷を制御する場合，かなり大きな値のノイズやサージが発生する場合がある．したがって，このようなノイズやサージが電子回路への配線などから入り込まないように，配線や信号線などの弱電流回路の配線にシールド電線が用いられることが多くなってきた．

　シールド電線には図8-24に示すようにシールドの部分が編組シールドとなったものと，シールド用の電線を内部の絶縁物にただ巻き付けただけのシールド電線とがある．シールド効果は編組シールドされた方が優れてはいるが作業性は劣ってくる．ここでは，この2種類のシールド電線の端末処理の方法について述べる．

　シールド電線でシールド部が編組シールドされた電線の端末処理では，まず，シールド電線の外装（シース）をナイフまたはワイヤストリッパを用いてはぎ取る．

　次に，図8-25に示すようにシールド用の編組線を少し押し込み，編組線がふくらんだ部分の編組線をピンセットを用いて広げ，編組線の間から中の絶縁電線を取り出す．シールドの部分から取り出した絶縁電線は，10〜15 mm程度電線の絶縁被覆を残してその他の部分の絶縁をワイヤストリッパを用いて取る．シールド電線の絶縁被覆を取ったら絶縁電線の素線は軽くねじっておく．なお，シールド用の編組線の部分はピンセットなどを用いて軽くしごいて延ばし，シールド電線の端末には市販されているキャップを挿入して端末の処理を完了する．

　一方，シールド用のシールド線が絶縁電線に巻き付けただけのシールド電線の処理は，

図8-26 に示すような手順に従って端末処理を行う．まず，シールド電線の外装（シース）をナイフまたはワイヤストリッパを用いてはぎとる．しかし，シールド用の電線は編組されたシールド線とは異なり，シールド線は簡単に絶縁電線から取り外すことができる．

　絶縁電線から取り外したシールド電線は軽くねじり，このシールド電線に絶縁チューブを挿入する．また，シールド電線を取り外した絶縁電線は，10〜15 mm 程度絶縁被覆を残して，そのほかの部分をワイヤストリッパを用いて絶縁被覆を取り，絶縁電線の素線を軽くねじっておく．最後に市販されているキャップをシールド電線の端末にかぶしてシールド電線の端末処理を完了する．

8・7　発熱する電子部品の取付け

　制御盤内に電力形被覆巻線抵抗器（ホーロ抵抗器）を取り付けて使用する場合，抵抗器を図8-27 に示すように横向きに取り付ける場合には，抵抗器の定格表示などの数値や記号などは，左側から右側に向かって読み取れるように取り付ける．また，縦に取り

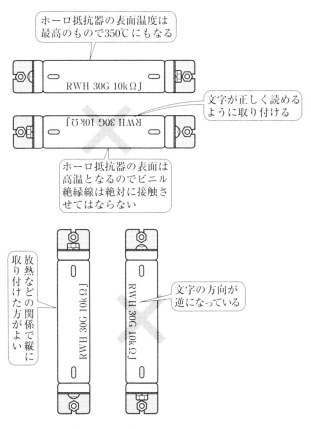

図 8-27　発熱する電子部品の取付け

付ける場合には，数値や記号などは下側から上側に向かって読み取れるように抵抗器を取り付ける．

　電力形被覆巻線抵抗器（ホーロ抵抗器）の動作時における最高表面温度は，抵抗器の特性が V 特性の抵抗器では 350℃まで許容されている．また，最高表面温度が一番低い抵抗器の特性が J 特性の抵抗器では 200℃までの温度上昇が許容されている．したがって，これらの電力形被覆巻線抵抗器の上部に熱動継電器などの電気器具を取り付けたり，また，配線用のビニル絶縁電線などを配線しないように注意する．

第 **9** 章

配線用ダクトとケーブルによる盤内配線

　制御盤内での配線方式には束配線方式およびダクト配線方式とがある．束配線方式は熟練を要する．また，配線の本数が多くなると束配線では配線作業が難しくなってくる．したがって，多くの制御盤では制御回路の多くはダクト配線が用いられている．

　また，制御盤から離れた場所に設置されている制御用操作スイッチが取り付けられている操作用ボックスや，表示灯が取り付けられている表示用ボックスがある場合，これらのボックス間を配線する場合には，制御用ビニル絶縁ビニルシースケーブル（CVV）を用いて配線される場合がある．第9章では盤内配線の配線方式およびケーブルによる配線について述べる．

9・1　配線用ダクトによるダクト配線

　盤内の配線を配線用ダクトを用いてダクト配線を行う場合の，配線用ダクトの種類とその使い方および配線用ダクトの加工方法や配線時の注意事項などについて述べる．

1　配線用ダクトの種類

　配線用ダクトには金属製のものと合成樹脂製のものとがある．現在ではダクトの加工が容易なことから，ほとんどが合成樹脂製の配線用ダクトが使用されている．合成樹脂製の配線用ダクトは，**図 9-1** に示すように電線を収納する本体とふたとから構成されている．

　ダクト内の配線用の電線の出し入れは，配線用ダクト本体の側面より行う．なお，配線用ダクトの形状に関しては JIS や JEM などで，その規格については定められていない．配線用ダクトに関しては各製造会社において，それぞれ独自の形状や寸法などを定めている．これら配線用ダクトの形状の一例を**図 9-2** に示す．

　配線用ダクトから各器具端子への配線は，配線用ダクトの側面の穴から行っている．このために配線用ダクトの側面の穴には種々の形状のものと色々な工夫がなされている．例えば，**図 9-3** に示す配線用ダクトでは，配線用の電線をダクトの上部から入れられ

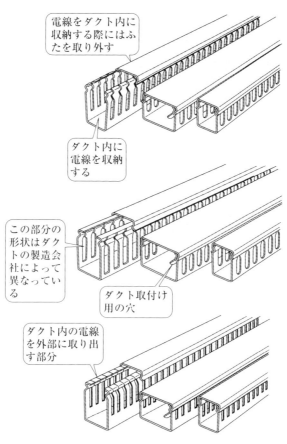

図9-1　配線用ダクトの種類

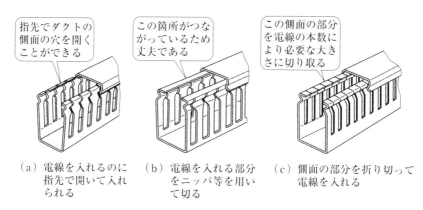

（a）電線を入れるのに　（b）電線を入れる部分　（c）側面の部分を折り切って
　　指先で開いて入れ　　　をニッパ等を用い　　　電線を入れる
　　られる　　　　　　　　て切る

図9-2　配線用ダクトの側面穴の形状

るように，側面の穴の上部が切れている構造となっている．

　この配線用ダクトを用いてダクト内に入れる配線用の電線が細い場合や，また，太い電線でもその本数が少ない場合には，指先でダクトの側面を開くことにより電線の挿入が容易にできる構造となっている．電線の本数が多くなりダクトの側面の穴に入りきら

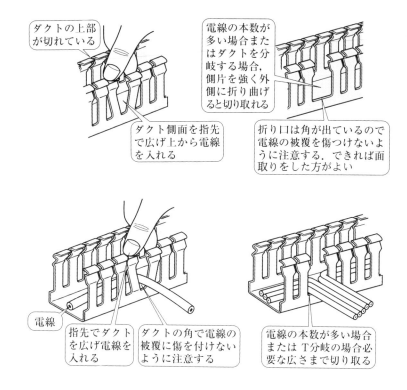

図9-3　配線用ダクトの側面穴の使い方

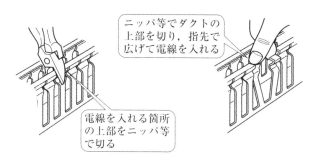

図9-4　配線用ダクトの加工

ない場合や，配線用ダクトをT形に分岐したりする場合には，ダクトの側面の側片を切り取り，側面の開口部を大きく開いて使用することもできる．

　しかし，この形状のダクトは，ダクトの上部が切れているためダクトの強度が心配である．ダクトの強度を必要とするような場合には，**図9-4**に示すような配線用ダクトの側面上部が切られていないものを使用すればよい．この配線用ダクトは，ダクト本体の上部が切られていないため，長尺のまま使用しても配線用ダクトがたわむ恐れはない．

　また，電線をダクトから引き出す場合には，配線用ダクトの側面の上部をニッパなどを用いて切れば，図9-3で示した配線用ダクトと同じ方法により電線をダクトの側面から引き出したり，また，収納させることができる．

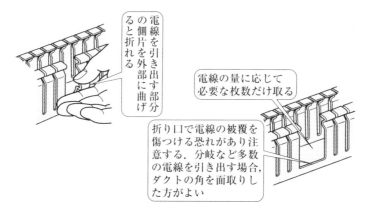

電線を引き出す部分の側片を外部に曲げると折れる

電線の量に応じて必要な枚数だけ取る

折り口で電線の被覆を傷つける恐れがあり注意する．分岐など多数の電線を引き出す場合，ダクトの角を面取りした方がよい

図9-5　配線用ダクトの側面穴の使い方

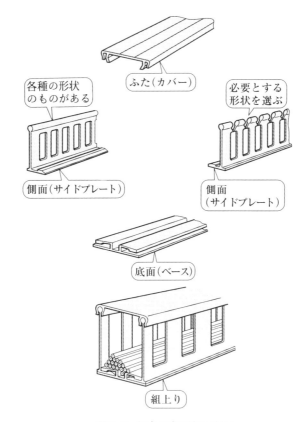

ふた（カバー）

各種の形状のものがある

必要とする形状を選ぶ

側面（サイドプレート）

側面（サイドプレート）

底面（ベース）

組上り

図9-6　組立て式配線用ダクト

　また，**図9-5**に示す配線用ダクトでは，ダクトの側面に穴があけられてなく，切込みだけがダクトの側面に入れられている．この配線用ダクトを使用する場合には，引き出す電線の本数に応じて必要な大きさの穴となるように配線用ダクトの側面を切り取って使用すればよい．

　このほかにも，**図9-6**に示すように，配線用ダクトが組立て式となっているダクト

もある．このダクトは，図9-6に示したようにサイドプレート，カバーおよびベースからなり，これらの部品を組み合わせることにより任意の大きさの配線用ダクトを作ることができる．

２　配線用ダクトの取付け方

　配線用ダクトを取り付ける位置を定めるには，制御盤内に用いられている器具や部品などの配置を終え，器具や部品が盤に取り付けられている状態で，配線する電線の配線経路を定める．この配線の経路が決定された後に配線用ダクトを取り付ける位置を定める．また，配線用ダクトは，主として操作回路の配線用の電線を収納するために使用されている．配線用ダクトの大きさは，ダクト内に収納される電線の本数によって決定する．

　ダクト内に収納する電線の本数を定めるには，電線の本数はあまり多くせず，配線用ダクトの断面積の60％程度にとどめて配線用ダクトの大きさを定めればよい．配線用ダクトを制御盤の内部に使用する場合，配線用ダクトのふたが主回路の配線や器具などに触れたり，また，極端な場合にダクトのふたがこれらの配線や器具に当たって取れなくなるような位置にダクトを取り付けないように注意する．

　また，配線用ダクトを直角に曲げて接続する場合には，ダクト内の電線がダクトの外にはみ出さないように注意する．なお，配線用ダクトを直角に曲げたり，Ｔ状に分岐させる場合には，図9-7に示すようにダクトを加工して組み合わせる．

３　配線用ダクト内の配線

　配線用ダクト内の電線は，いかなる方法による接続でも，ダクト内では電線の接続を行うことはできない．また，配線用ダクト内から器具端子への配線で，配線の経路が長くなる場合には，配線用ダクトから器具端子までの配線は，図9-8に示すような束配線によらなければならない．

　接地線を配線用ダクト内に入れて配線を行う場合，接地線は主回路と同じダクトに入れてはならない．必ず操作回路の配線と同じダクトに入れて配線を行わなければならない．

　配線用ダクトは合成樹脂で作られている．しかし，配線用の電線をダクトの側面の穴から器具端子への電線を取り出す際に，配線用ダクトの電線引出し口が面取りされていないダクトでは，電線の絶縁被覆を傷つける恐れがある．したがって，電線の引出し口が面取りされていない配線用ダクトでは，電線を引き出す引出し口はやすりなどを用いて必ず面取りを行わなければならない．

　もし，面取りを行うことが無理な場合には，電線を無理に引張ったりして電線の絶縁被覆を傷つけないように十分注意して配線を行う．なお，これらのダクトの面取りに関

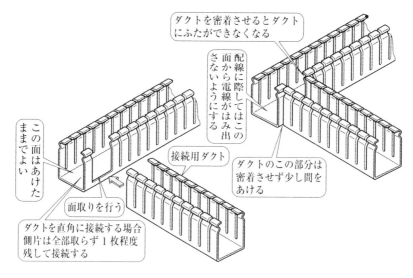

ダクトを密着させるとダクトにふたができなくなる

配線に際してはこの面から電線がはみ出さないようにする

この面はあけたままでよい

接続用ダクト

ダクトのこの部分は密着させず少し間をあける

面取りを行う

ダクトを直角に接続する場合側片は全部取らず1枚程度残して接続する

（a）配線用ダクトの T 分岐接続

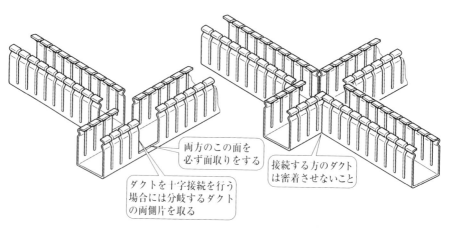

両方のこの面を必ず面取りをする

接続する方のダクトは密着させないこと

ダクトを十字接続を行う場合には分岐するダクトの両側片を取る

（b）配線用ダクトの十字接続

図 9-7　配線用ダクトの分岐接続

しては，ダクトを直角に曲げたり，また，T 状に分岐した箇所についても面取りを行わなければならない．特に，直角に曲げる箇所や T 状に分岐する箇所は配線の電線本数も多くなり，必ずやすりなどを用いて面取りを行ってから配線するように注意する．

9・2　ケーブル配線

　制御盤から離れた場所に操作用ボックスや表示用ボックスが設置されているような場合，制御盤からの配線にケーブルが使用されることが多い．ここでは，配線に使用されている制御用のケーブルの端末処理やケーブルの加工法などについて述べる．

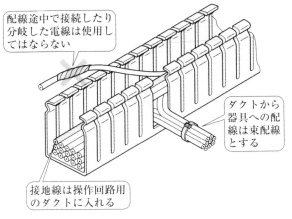

配線途中で接続したり
分岐した電線は使用し
てはならない

ダクトから
器具への配
線は束配線
とする

接地線は操作回路用
のダクトに入れる

（a）ダクト内の配線の接続

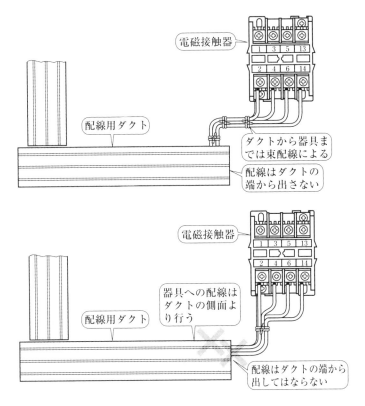

電磁接触器

配線用ダクト

ダクトから器具まで
は束配線による

配線はダクトの
端から出さない

電磁接触器

器具への配線は
ダクトの側面よ
り行う

配線用ダクト

配線はダクトの端から
出してはならない

（b）ダクトから器具への配線

図 9-8　配線用ダクトからの配線

1　ケーブルの加工

　ケーブル配線に使用するケーブルにも各種のケーブルがある．例えば，制御用ビニル絶縁ビニルシースケーブル（ジャケット形：CVV），制御用ビニル絶縁シースケーブル（充実形：CVS）などがある．ここでは制御用ビニルシースケーブル（CVV）を例に取り，

このケーブルを用いて配線を行う場合のケーブルの加工法について述べる.

　ケーブルを用いて配線を行う際のケーブルの加工手順としては，**図9-9** に示すように，まず，ケーブルのシースを取らなければならない．ケーブルのシースを取るには，ケーブルのシースを取る位置によく切れる電工ナイフ等を用いて，シースの厚さの半分

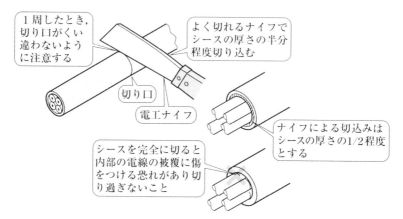

（a）ケーブルのシースに直角方向に切込みを入れる

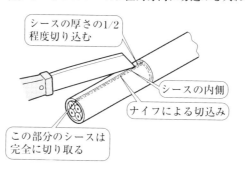

（b）ケーブルの縦方向に切込みを入れる

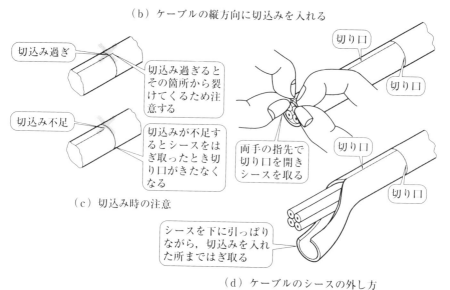

（c）切込み時の注意

（d）ケーブルのシースの外し方

図9-9　ケーブルの加工（a）～（d）

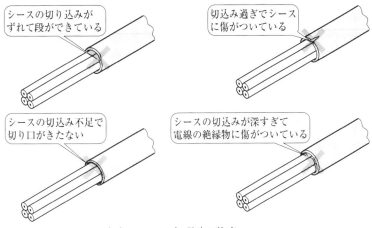

（e）シースの処理時の注意

図9-9　ケーブルの加工（e）

程度，ケーブルの全周にわたって切込みを入れる.

　切込みが入ると，次に，切込みを入れた位置からケーブルのシースを取る縦方向にナイフでシースの厚さの半分程度に切込みを入れる．このとき力を入れすぎてシースの中の絶縁電線の絶縁体に傷をつけないように十分に注意して切込みを入れる.

　切込みが入ったらケーブルの切り口を両手の指先で開き，ケーブルのシースをはぎ取る．なお，シースを取り去ったケーブルの端末は，**図9-10**に示すようにケーブル内部の絶縁電線を束線用ひもで結ぶか，または，ビニル絶縁テープ等を巻いてケーブルの端末処理を行う.

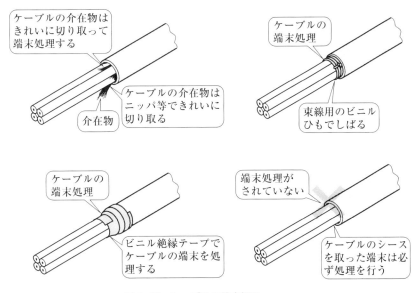

図9-10　ケーブルの端末処理

2　ケーブル配線の処理

　ケーブルのシースから取り出した絶縁電線は，束配線により器具や端子台などに配線される．一方，ケーブルは，ケーブルのシースの切り口近くをサドルまたはケーブル用コネクタを用いてケーブルを固定し，ケーブルが引張られてもケーブルが動かないよう

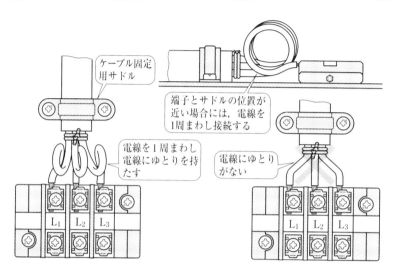

（a）主回路配線の処理

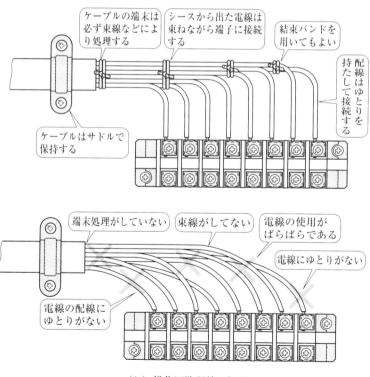

（b）操作回路配線の処理

図9-11　ケーブル配線時の電線の処理（a）（b）

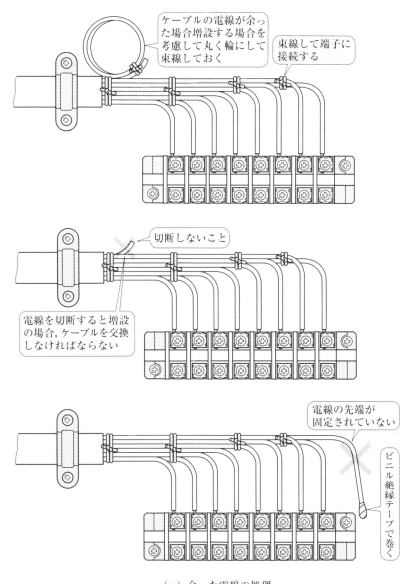

（c）余った電線の処理

図9-11　ケーブル配線時の電線の処理（c）

に固定する．なお，シースから出た絶縁電線による配線が長くなるようであれば，必ず，絶縁電線は束ね配線により電線を束ねておく必要がある．

　また，ケーブル内の絶縁電線で配線が行われていない余った電線があっても，余った電線は切断せずに将来の配線の増設等を考慮して電線の処理を行わなければならない．**図9-11**にケーブル内の絶縁電線の処理方法について示す．なお，スイッチボックスやコントロールボックス等の配線も，**図9-12**に示すようにボックス内では十分に電線にゆとりを持たせて，ボックス内の器具や部品の交換が容易に行われるように配線を行う．

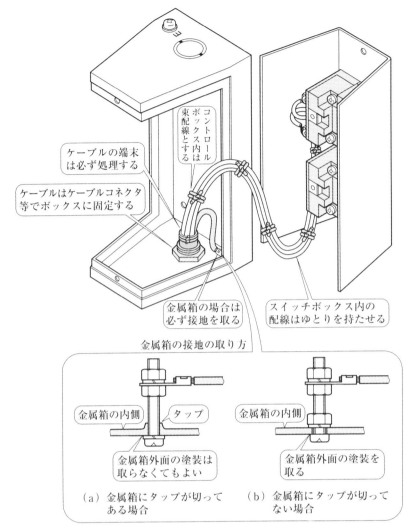

ケーブルの端末
は必ず処理する

ケーブルはケーブルコネクタ
等でボックスに固定する

コントロール
ボックス内は
束配線とする

金属箱の場合は
必ず接地を取る

スイッチボックス内の
配線はゆとりを持たせる

金属箱の接地の取り方

金属箱の内側　　タップ

金属箱外面の塗装は
取らなくてもよい

（a）金属箱にタップが切って
ある場合

金属箱の内側

金属箱外面の塗装を
取る

（b）金属箱にタップが切って
ない場合

（a）スイッチボックス内の配線および配線の処理

図9-12　スイッチボックス内の配線（a）

3　ケーブルの盤への取付け

　盤や造営材にケーブルを固定するには，**図9-13**に示すようにサドルまたはステップル等を用いて，ケーブルを損傷させないように注意しながらケーブルを固定する．ケーブルを固定した際に，ケーブルが盤や造営材から浮き上がらないように注意して固定する．

　ケーブルを固定するサドルまたはステップルの間隔や支持点間の距離は1m以内とする．また，ケーブルと操作用のボックス等を接続した場合には，接続箇所から0.3m以内でサドルまたはステップルを用いてケーブルを固定しなければならない．

　ケーブルを曲げる場合，被覆（シース）を損傷しないように取扱いには十分注意する．ケーブルを曲げるに際して，ケーブルの屈曲部の半径は，**図9-14**に示すように，原則

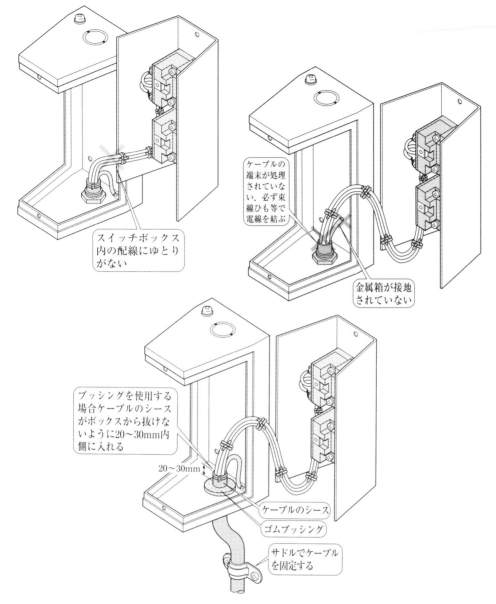

ケーブルの端末が処理されていない．必ず束線ひも等で電線を結ぶ

スイッチボックス内の配線にゆとりがない

金属箱が接地されていない

ブッシングを使用する場合ケーブルのシースがボックスから抜けないように20～30mm内側に入れる

20～30mm

ケーブルのシース

ゴムブッシング

サドルでケーブルを固定する

（b）スイッチボックス内の配線時の注意

図9-12　スイッチボックス内の配線（b）

としてケーブルの屈曲部の内側の曲げ半径は，ケーブルの外径の6倍以上とする．ただし，ケーブルの外形が小さくて，やむを得ない場合には，被覆にひび割れやしわが生じない程度に屈曲することができる．

　ケーブルをボックスなどに接続する場合には，**図9-15**に示すようにゴムブッシングまたはケーブルコネクタ等を用いて，ケーブルの被覆が金属部に直接接触しないようにして取り付ける．この場合は，ケーブルにゆとりを持たせるためにS曲げを行ってボッ

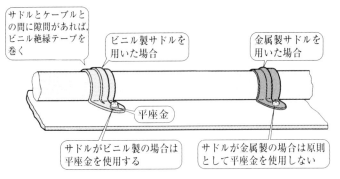

（a）ケーブルの取付け

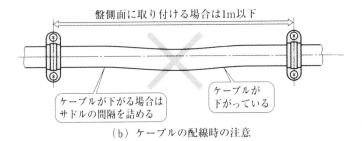

（b）ケーブルの配線時の注意

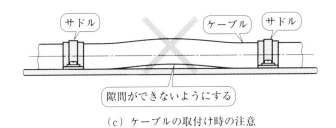

（c）ケーブルの取付け時の注意

図9-13 サドルによるケーブルの取付け

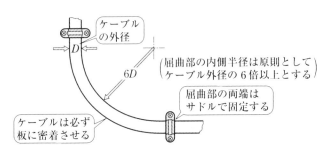

図9-14 ケーブルの曲げ半径

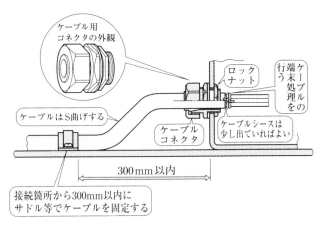

（a）ケーブルコネクタを用いた場合

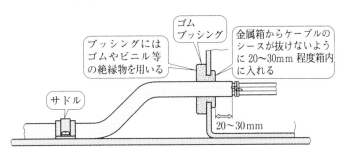

（b）ゴムブッシングを用いた場合

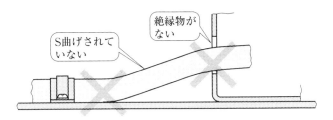

（c）ケーブルのボックスへの接続時の注意

図9-15 ケーブルとボックスとの接続

クスなどにケーブルを取り付ける.

4 ケーブルの絶縁被覆の色別と端子への接続

600 V ビニル絶縁キャブタイヤケーブルの絶縁体の色別は，JIS C 3321 で定められており，原則として，線心の数により次のように規定されている.

> 2心：黒，白
> 3心：黒，白，赤または黒，白，緑
> 4心：黒，白，赤，緑

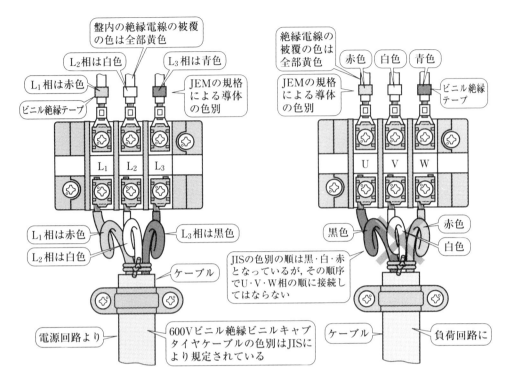

盤内の絶縁電線の被覆
の色は全部黄色

L₂相は白色　　　L₃相は青色

L₁相は赤色　　　　　　JEMの規格
　　　　　　　　　　　による導体
ビニル絶縁テープ　　　の色別

絶縁電線の
被覆の色は　　赤色　白色　青色
全部黄色

JEMの規格　　　　　　　　　ビニル絶縁
による導体　　　　　　　　　テープ
の色別

L₁相は赤色　　　　　L₃相は黒色

L₂相は白色　　　　　黒色　　　　　赤色

　　　　　　　ケーブル　　　　　　　　白色

電源回路より　　600Vビニル絶縁ビニルキャブ
　　　　　　　タイヤケーブルの色別はJISに
　　　　　　　より規定されている

JISの色別の順は黒・白・赤
となっているが，その順序
でU・V・W相の順に接続し
てはならない

ケーブル　　　負荷回路に

図9-16　ケーブルの絶縁電線の絶縁体の色別

となっている．したがって，JEM 1134に定められている交流の相による器具および導
体の配置と色別とは多少異なってくる．また，実際の配線では**図9-16**に示すようにL₁
（R）は赤色，L₂（S）は白色，L₃（T）は黒色の絶縁電線が使用されている．

　600 V以下の制御回路に使用する制御用ビニルシースケーブルの絶縁電線の絶縁被覆
の色別は，絶縁体の着色または絶縁体表面の着色によって行われている．7心以下のケー
ブルの絶縁体の色別は次に示すとおりである．

2心：黒，白
3心：黒，白，赤
4心：黒，白，赤，緑
5心：黒，白，赤，緑，黄
6心：黒，白，赤，緑，黄，茶
7心：黒，白，赤，緑，黄，茶，青

となっている．なお，7心以上のケーブルの絶縁体の色別については，JISでは規定さ
れていないが，ケーブルの製造会社で行っている識別では黒，白，赤，緑，黄，茶，青，
橙，紫，灰，桃，空の12色について色別されている．

第10章
接地の種類と接地工事

電気機器や電気装置の絶縁がなんらかの原因により劣化すると，電気機器や電気装置の内部の充電されている箇所からの漏電により，外部の露出非充電箇所の金属部分に異常電圧が生じる．したがって，漏電により充電された金属部に触れると感電する恐れがある．感電事故を防ぐために露出非充電箇所の金属部分を大地に接続することが「機器接地」である．このように感電防止のために行う接地を「保安接地」と呼んでいる．

また，制御盤内に使用されている電子回路や電子部品を使用した電子装置などは，摩擦などによって生じた静電気が蓄積されると，この蓄積された静電気による電位上昇により思わぬ障害が発生する場合がある．このような静電気による障害を防止するには，蓄積された静電気を速やかに大地に放流しなければならない．このように静電気を大地に放流させて，電子回路や電子装置の動作を安定させるための接地を「機能接地」と呼んでいる．

機能接地は，電子回路や電子装置および周辺機器の電位を安定させるために基準電位を与える接地である．したがって，機能接地は，他の電気設備から発生するノイズの影響を避けるために単独接地による場合が多い．

このように一口に接地といっても，電力装置の接地と電子装置の接地とがあり，接地の目的によって接地線の配線方法なども異なってくる．機器接地であれば露出非充電金属部を大地に接続するのが目的であって，接地線が確実に接続されていればよい．

しかし，電子装置などに施す機能接地では，接地用電線の長さや電線の布設の方法や，また，使用する接地用電極および接地用電線の布設方法などについても十分に注意を払って接地工事を行わなければならない．第10章では接地について，接地の目的および接地工事などについて述べる．

10・1　制御盤の接地

制御盤の金属部は，漏電などによる感電防止や，保護装置である遮断器などを確実に作動させるために筐体の接地を行っている．筐体の接地は，筐体のポテンシャルを定め

る接地であって，電流を流すための接地ではない．したがって，接地線の配線が行いやすい箇所に，**図10-1**に示すようなアーススタッド用のボルトを用いて筐体の接地を行っている．

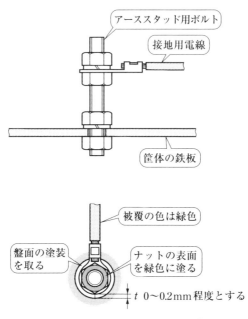

アーススタッド用ボルト
接地用電線
筐体の鉄板

被覆の色は緑色
盤面の塗装を取る
ナットの表面を緑色に塗る
t 0〜0.2mm程度とする

図10-1　アーススタッドによる接地

アーススタッドから接地線の配線については第**6**章で述べたが，アーススタッドから端子台までの配線は，最短距離となるように配線を行う．接地線の長さが300mm以上となるような場合には，操作回路の配線と一緒に束線するか，または，ダクト内に入れて配線を行う．接地線は決して主回路配線と一緒に配線を行ってはならない．

制御盤外に取り付けられる表示装置や操作装置に使用するボックスが金属製の場合には，この金属製のボックスは必ず接地しなければならない．また，金属ボックスまでの配管が合成樹脂管による場合には，必ず，金属ボックス内のアーススタッドに接地線を接続し，この接地線を制御盤内の端子台の接地端子に接続して確実に各金属ボックスを接地しなければならない．

また，各金属ボックスまでの配管に金属管が用いられ，金属管により制御盤本体に確実に接続されていて，その制御盤が接地されている場合には，接地線による接地を省略することができる．しかし，金属管は**図10-2**に示すように接地ボンドを用いて金属管の接続部の抵抗値を小さくして，できれば金属管の最遠端までの抵抗の値が2Ω以下になることが望ましい．

制御盤本体を接地するには，制御盤に取り付けられているアーススタッドから接地線を用いて大地に埋設されている接地極に接続して接地を行う．この場合，接地用の電線

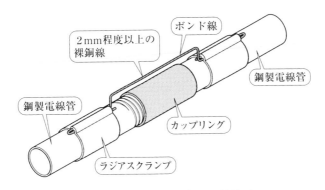

図 10-2　ラジアスクランプによる接地ボンド

の太さは制御盤の主回路の定格電流の値，または使用されている配線用遮断器の定格容量の値によって異なり，接地線の太さは**表 10-1** に示す値の接地用電線を用いて接地を行う．また，ねじの呼び径と定格電流との関係を**表 10-2** に示す．したがって，接地用の電線の太さが定まると接地線の太さに適した銅線用裸圧着端子とアーススタッド用のねじを選んでアーススタッドにより接地を行う．

表 10-1　C 種または D 種接地工事の接地線の太さ

配線用遮断器の定格電流の容量	銅　線	
20 A 以下	1.6 mm 以上	2 mm² 以上
30 A 以下	1.6 mm 以上	2 mm² 以上
50 A 以下	2.0 mm 以上	3.5 mm² 以上
100 A 以下	2.6 mm 以上	5.5 mm² 以上
150 A 以下		8 mm² 以上
200 A 以下		14 mm² 以上
400 A 以下		22 mm² 以上
600 A 以下		38 mm² 以上
800 A 以下		60 mm² 以上
1 000 A 以下		60 mm² 以上
1 200 A 以下		100 mm² 以上

表 10-2　ねじの呼び径と定格電流

定格電流〔A〕	ねじの呼び		
	ねじ1本	ねじ2本	ねじ3本
30 以下	M 4	M 3.5	―
30 を超え　60 以下	M 5	M 4	―
60 を超え 100 以下	M 6	M 5	―
100 を超え 300 以下	M 8	M 6	―
300 を超え 400 以下	M 10	M 8	M 6
400 を超え 600 以下	M 12	M 10	M 8

10・2　制御盤の接地に関する用語

　制御盤の接地に関する規格は，JEM 1323 により定められている．また，接地に関する用語には次に示すものがある．

（1）　接地端子

　盤本体と電気的に接続されており，盤内接地線および接地線が接続できるようにした端子．

（2） 接地母線

接地母線とは盤内に取り付けられた接地のための母線である．接地母線は**図 10-3** に示すような 25 × 3 mm 以上の銅またはアルミニウム製の導体とし，容易に点検することができ，かつ，盤内接地線および接地線が接続し得るボルト，ナット締付け端子，または電線締付け端子が設けられた接地母線を使用する．接地母線は盤本体と電気的に

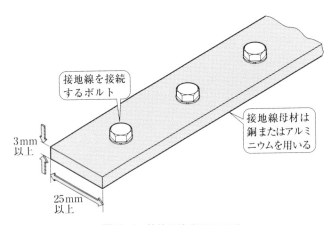

図 10-3　接地母線（JEM 1323）

表 10-3　盤内接地線の太さ

適 用 回 路	盤内接地線の太さ	備考（接地工事の種類）
取付け機器の外被	2 mm² 以上	C 種または D 種接地工事
特別高圧計器用変成器の二次・三次回路	5.5 mm² 以上	A 種接地工事
高圧計器用変成器の二次・三次回路	2 mm² 以上	D 種接地工事

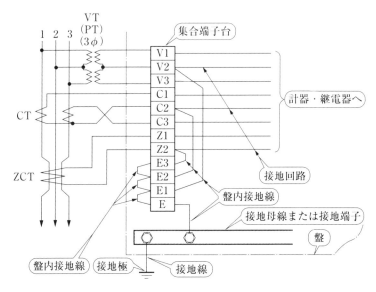

図 10-4　盤内の接地

接続されており，母線上に盤内接地線および接地線が接続できるようになっている．

（3）　盤内接地線

盤に取り付けられた機器の接地端子または接地回路が接続された端子と，盤の接地端子または接地母線の間を接続する盤内の接続線を盤内接地線という．

（4）　接地線

盤に取り付けられた接地端子または接地母線と，地中に埋設された接地極の間を接続する盤外の接続線．盤内の接続線に使用する接地線の電線の太さは**表 10-3** に示す値の電線を使用する．また，盤内で行う接地の一例を**図 10-4** に示す．

10・3　電気機器の接地端子と接地用電線との接続方法

電気機器の非充電部の金属部分は感電防止などの安全対策のためや，電気機器に漏電が生じた際に漏電遮断器などの保護用機器を確実に作動させるために，電気機器の非充電部の金属部分を接地しなければならない．したがって，電気設備の事故防止のために様々な指針が示されている．ここでは，これらの指針により示されている電気機器の接地時の注意事項について述べる．

一般に，電気機器には接地用の端子が設けられている場合が多い．接地する電気機器の数が多く，これらの電気機器を 1 つの接地極により接地する場合，電気機器の接地用端子と接地用電線との接続時における注意事項について述べる．

電気機器に設けられている接地用端子の電線挿入用の穴には多くの電線を挿入することはできない．したがって，複数の電気機器の接地を行う場合は，**図 10-5** に示すように接地線を切断せずに，接地端子の接続部分の電線の絶縁被覆を取り接地端子の穴に電線を通して接地するか，それぞれの電気機器の接地端子に接地線を接続し，これをアーススタッドや接地母線などを用いて一箇所にまとめて，そこから接地極に配線する．

接地用の電線を切断して，それぞれの接地端子に接続していく渡り配線は行ってはならない．その理由は，途中の接地端子のねじがゆるみ，接地線が端子から外れた場合，外れた接地端子から先の電気機器の接地が不完全となるためである．したがって，接地端子の電線を挿入する穴が大きく電線の挿入に十分余裕がある場合には，**図 10-6** に示すように電線を切断せずに接地端子に接続する部分の絶縁被覆を取り，電線を折り曲げて送り接続により接地端子への接続を行う．

以上に示したように電気機器の接地を行う場合には，接地用電線の接続には細心の注意を払って電気機器の接地を行い，漏電等による事故が生じないように確実な接地を行う．

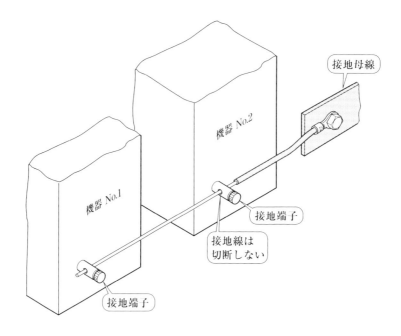

（a）1本の接地電線による接地

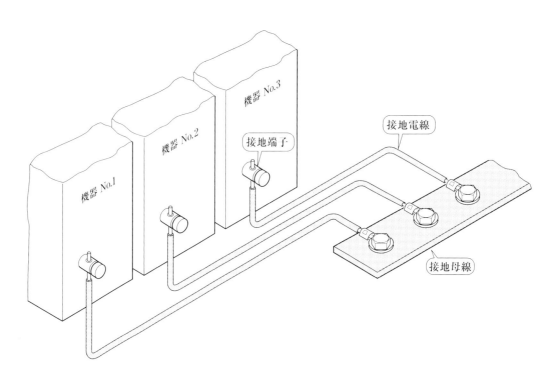

（b）各電気機器を単独に接地する

図10-5　電気機器接地用端子への接地電線の接続

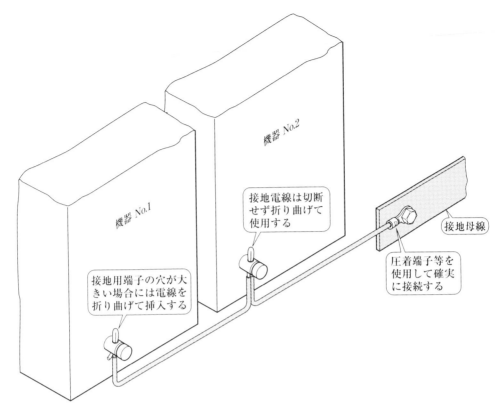

図 10-6 接地用端子への接地電線の接続

10・4 電子回路や電子装置の接地

　これまで述べた電気機器の接地では，それぞれの使用されている制御盤や電気機器は確実に接地線で接続されて接地されている．しかし，電子回路や電子装置からの接地を機器接地用の接地線に接続して接地することは行われていない．もし，電子回路や電子装置からの接地線を機器接地用の接地線に接続すると，機器接地用の接地線に生じている雑音や地電圧などの影響を受ける恐れがある．一般に，電気機器接地用の接地用電線に雑音などが混入しないように接地線を布設することは不可能なことと考えられる．したがって，電子回路や電子装置などの接地は非常に難しく，それぞれの会社では，接地用電線に雑音などの混入を防ぐためのノウハウを持っている．

　電子回路や電子装置の接地には機能接地がなされていて，機能接地に用いる接地線は動力線や操作回路の電線とは別に，電子回路の信号線と一緒に多心ケーブルなどを用いて接地工事が行われている．また，どうしても接地線に雑音が混入するような場合には，信号用の電線にツイストペア線などを用いたり，また，接地線に電位差を持たせないように一点接地を行ったりしている．

　最近では，信号源にディジタル信号とアナログ信号とを使用することが多くなってきた．同じ信号線であっても，それぞれの信号源による相互干渉を防ぐために，ディジタル信号線とアナログ信号線とを別々の金属製電線管に入れたり，また，別々のダクトで配線が行われるようになってきた．このように同じ信号線であってもディジタル信号線とアナログ信号線とが別々に配線されるようになってきた．したがって，これらの信号線を動力用配線や操作回路用の配線と一緒に配線したり，また，接地線を共用して使用するようなことは決し行ってはならない．

10·5　接 地 工 事

　電気設備は感電や漏電事故の防止，また，対地電圧の低減や異常電圧の抑制および保護装置の確実な動作を行わせるために接地が行われている．ここでは，この接地工事について述べる．

1　接地工事の種類

　電気設備の接地工事に関しては「電気設備技術基準」の第 19 条に接地工事の種類が分類されている．接地工事は接地工事の種類によって**表 10-4** に示すようにそれぞれの接地抵抗の値が定められている．また，一般電気設備以外の設備についても，電気機器などを接地する保安接地に関しては，電気設備技術基準が準用されている．電子回路や電子装置に行われる機能接地に関しては，その設備独自の規定が設けられている．

表 10-4　接地工事の種類とその抵抗値（電気設備技術基準より抜粋）

接地工事の種類	接　地　抵　抗　値
A 種接地工事	10 Ω 以下
B 種接地工事	変圧器の高圧側または特別高圧側の電路の 1 線地絡電流のアンペア数で 150（変圧器の高圧側の電路または使用電圧が 35 000 V 以下の特別高圧側の電路と低圧側の電路との混触により低圧電路の対地電圧が 150 V を超えた場合に，1 秒を超え 2 秒以内に自動的に高圧電路または使用電圧が 35 000 V 以下の特別高圧電路を遮断する装置を設けるときは 300，1 秒以内に自動的に高圧電路または使用電圧が 35 000 V 以下の特別高圧電路を遮断する装置を設けるときは 600）を除した値に等しいオーム数以下
C 種接地工事	10 Ω（低圧電路において，当該電路に地気を生じた場合に 0.5 秒以内に自動的に電路を遮断する装置を施設するときは，500 Ω）以下
D 種接地工事	100 Ω（低圧電路において，当該電路に地気を生じた場合に 0.5 秒以内に自動的に電路を遮断する装置を施設するときは，500 Ω）以下

　保安用の接地工事の種類は**表 10-5** に示すように使用する電圧により分類されている．また，電気回路に施設する機械器具や鉄台および金属製外箱には，**表 10-6** に示すように機械器具の区分に応じて接地工事を施すように定められている．

表 10-5　機械器具の鉄台および外箱の接地

（電気設備技術基準より抜粋）

機械器具の区分	接地工事
300 V 以下の低圧用のもの	D 種接地工事
300 V を超える低圧用のもの	C 種接地工事
高圧用または特別高圧用のもの	A 種接地工事

表 10-6　機械器具への接地工事

適　用　回　路	盤内接地線の太さ	備考（接地工事の種類）
取付け機器の外被	2 mm² 以上	C 種または D 種接地工事
特別高圧計器用変成器の 2 次・3 次回路	5.5 mm² 以上	A 種接地工事
高圧計器用変成器の 2 次・3 次回路	2 mm² 以上	D 種接地工事

2　接地工事の方法

　接地工事に使用する接地導体は埋設または打込みによる．接地導体としては銅板，銅棒，鉄管，鉄棒，銅覆鋼板，炭素被覆鋼棒などを用い，これらをなるべく水気のある所で，かつ，ガスや酸などのために腐食する恐れのない場所を選び，地中に埋設または打込みを行う．接地導体については下記に示すものを使用して接地を行う．

① 　銅板を使用する場合は，厚さ 0.7 mm 以上，大きさ 900 mm²（片面）以上のものであること．

② 　銅棒，銅溶覆鋼棒を使用する場合は，直径 8 mm 以上，長さ 0.9 m 以上のものであること．

③ 　鉄管を使用する場合は，外径 25 mm 以上，長さ 0.9 m 以上の亜鉛めっきガス管または厚鋼電線管であること（薄鋼電線管は使用することはできない）．

④ 　鉄棒を使用する場合は，直径 12 mm 以上，長さ 0.9 m 以上の亜鉛めっきを施したものであること．

⑤ 　銅覆鋼板を使用する場合は，厚さ 1.6 mm 以上，長さ 0.9 m 以上，面積 250 mm² 以上を有するものであること．

⑥ 　炭素被覆鋼棒を使用する場合は，直径 8 mm 以上の鋼芯で，長さ 0.9 m 以上のものを使用する．

　以上に示した接地導体と接地用電線との接続には銀ろう，またはその他の硬ろうを使用して接続する．原則として接地導体と接地用電線との接続に軟ろうであるはんだ付けによる接続は行ってはならない．

　接地用電線の太さは，D 種接地工事（旧第三種接地工事）においては，接地する機械

器具の金属製外箱，配管などの低圧電路の電源側に施設される過電流遮断器の容量により異なり，30 A 以下では，1.6 mm または 2 mm 以上，50 A 以下では 2 mm または 3.5 mm² 以上，100 A 以下では，2.6 mm または 5.5 mm² 以上，200 A 以下では，14 mm² 以上の 600 V ビニル絶縁電線を使用する．また，接地用の絶縁電線の被覆の色は緑色が用いられていたが，保護接地線には緑/黄（緑と黄の 2 色の組合せ）の電線が用いられている．

　接地工事も接地導体を埋設または打ち込むだけでなく，**図 10-7** に示すように接地用電線を保護して安全で完全な接地工事を行い，接地抵抗の値が小さくなるように心掛けて接地工事を行う．

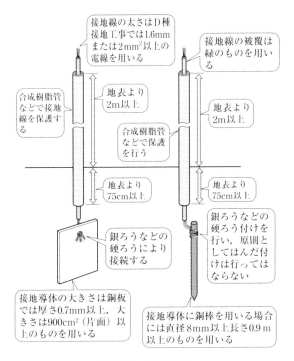

図 10-7　接地工事

シーケンス制御回路の組立の手順

　制御盤内にシーケンス制御回路を組み立てるには，これまでに述べてきた基本的な事項を十分に理解し，個々の注意事項を守りながら機能を十分に発揮させることができるように器具のレイアウトを行い，器具を正しく取り付け，しっかりとした確実な配線を行うように心掛ける.

　そこで，第11章では，**表11-1** に示す仕様書に従ってシーケンス制御回路をコントロールボックス内に組み立てる手順について述べる. 組み立てるシーケンス制御回路は，**図11-1** の展開接続図で示したシーケンス制御回路で，このシーケンス制御回路をコントロールボックス内に回路を組み立てる場合の一例として用いる. また，図11-1に示したシーケンス制御回路を組み立てるため，具体的にシーケンス制御回路を組み立てて行く際の手順や注意事項についても述べる.

11・1　器具および部品の取付けとその配置

　一般にコントロールボックスでは，**図11-2** に示すようにボックス内の器具取付け板は取り外すことができる. したがって，器具のレイアウトを行う場合にはこの器具取付け板を取り外しておく. 仕様書に，器具や部品の取付け位置が指定されている場合には，まず，最初に指定された位置に器具および部品を取り付ける.

　これら指定された器具および部品の取付けが終わってから，指定されていない器具および部品のレイアウトにはいる. まず，表11-1 (3) に示されている仕様書によるコントロールボックスの扉に取り付ける部品の取付けは，**図11-3** に示すようになる. これらの部品を取り付ける位置は仕様書に定められている位置に正確に取り付ける.

　また，コントロールボックスを建造物などに取り付けるための穴を，**図11-4** に示すようにコントロールボックスの底にあけなければならない. これらの取付け用の穴の位置は，コントロールボックスを取り付ける対象物に合わせてあける. 取付け用の上部の穴は，だるま穴としたほうがコントロールボックスの取付けを容易に行うことができる.

表 11-1　送水用ポンプ制御装置仕様書

---

(1)　装置の概要

- 電　源 : 三相交流, 200V, 50/60 Hz
- 電動機 : 三相誘導電動機, 200 V, 11 kW (Y　△始動), 4 P
- 動作の説明

　本装置は, 別紙展開接続図に示す送水用ポンプの制御を行う装置である. 展開用接続図に示す M は送水用ポンプを駆動する三相誘導電動機である. 送水用ポンプは始動用ボタンスイッチ (ST-BS$_2$) を操作すると送水用ポンプを駆動する三相誘導電動機が Y 結線により運転を開始し, 表示灯 (SL$_2$) が点灯して三相誘導電動機が Y 結線で始動中であることを表示する.

　タイマ (TLR$_1$) が, タイマの整定時間に達すると三相誘導電動機の巻線が△結線となり, 三相誘導電動機は運転に入り, 表示灯 (SL$_2$) が消灯し, 表示灯 (SL$_3$) が点灯して送水用ポンプが運転に入ったことを表示する.

　送水ポンプが運転に入り, タイマ (TLR$_2$) が動作を開始し, 時間がタイマ (TLR$_2$) の整定値に達しても送水管の流量が流量検出器 (FLS) の設定値に達しない場合, または運転中に流量が減少した場合には, 流量検出器 (FLS) の接点が閉じ, 送水ポンプ駆動用電動機の運転を自動的に停止し, 表示灯 (SL$_1$) および表示灯 (SL$_2$) が点灯して故障が発生したことを知らせる.

　再び装置を運転する場合には, 停止用ボタンスイッチ (ST-BS$_1$) を操作し, 表示灯 (SL$_2$) が消灯したことを確認し, 始動用ボタンスイッチ (ST-BS$_2$) を操作すると装置は運転を開始する.

　熱動継電器 (THR) が動作すると, 送水ポンプは運転を停止し, 全部の表示灯が消灯して熱動継電器 (THR) が動作したことを知らせる.

　装置の運転を停止させるには, 停止用ボタンスイッチ (STP-BS$_1$) を操作すると装置は運転を停止し, 表示灯 (SL$_1$) が点灯して装置が運転を停止したことを表示する.

(2)　作業上の注意

2.1　コントロールボックスより三相誘導電動機および流量検出器までの配線に使用するケーブルは, ケーブル用コネクタでコントロールボックスに固定する.

2.2　コントロールボックス内の配線は, 主回路には 5.5 mm^2, 操作回路には 1.25 mm^2, 接地回路には 2.0 mm^2 の 600 V ビニル絶縁電線を使用する. ただし, コントロールボックスの扉への配線には電気機器配線用ビニル絶縁電線を使用する.

2.3　コントロールボックスの扉への配線は, ビニルチューブまたはスパイラルチューブを用いて配線に傷が付かないように保護する.

2.4　コントロールボックス内の配線は原則として束配線とする.

2.5　配線は端子直前を除き主回路と操作回路とを接触させない.

2.6　銅線用裸圧着端子は, 主回路, 接地回路の端子台接続およびヒューズホルダの端子に使用し, その締付けには平座金を使用しない. ただし, 端子台等の電線押え板はそのまま使用して良い.

2.7　器具取付け板にはスタッドボルトにより接地を取り, 各端子台の接地端子およびコントロールボックスに接続しておく.

2.8　接地用スタッドボルトに用いるナットの表面には緑色の表示を行っておく.

2.9　コントロールボックス内の器具の取付けには通しボルトにより器具取付け板に直接取り付ける.

2.10　器具取付け用通しボルトは, 器具取付け板の表面にナットを出さない.

2.11　器具の取付けには, 原則としてモールド製品および磁器製品を除き, 平座金は使用しない.

2.12　すべてのねじ（予備ねじを含む）は，目的に応じて適正なトルク値で締め付ける．

2.13　熱動継電器（THR）の電流整定は45Aに整定する．

2.14　限時継電器（TLR₁）の時間設定は，8秒に設定する．

2.15　限時継電器（TLR₂）の時間設定は，30秒に設定する．

2.16　端子台の記名シールには，サインペンまたは鉛筆で端子記号を記入する．

(3)　盤用部品表

番号	部品記号	品名	仕様	数量
1	MC₁, Δ-MC₃	電磁接触器	AC 200 V 7.5kW 5a2b	2
2	Y-MC₂	電磁接触器	AC 200 V 5.5kW 5a2b	1
3	AUX-R₁~₄	補助継電器	AC 200 V 2C ソケット付き	4
4	THR	熱動継電器	34～42～50 A	1
5	TLR₁	限時継電器	AC 200 V 10sec 2C	1
6	TLR₂	限時継電器	AC 200 V 120sec 2C	1
7	BS₁	ボタンスイッチ	1b	1
8	BS₂	ボタンスイッチ	1a	1
9	SL₁	表示灯	AC 200 V GN	1
10	SL₂	表示灯	AC 200 V OG	1
11	SL₃	表示灯	AC 200 V RD	1
12	XF₁,₂	ヒューズホルダ	5A ヒューズ付き	2
13	TB₁	端子台	60 A-4 P	1
14	TB₂	端子台	60 A-7 P	1
15	TB₃	端子台	10 A-3 P	1

備考：電磁接触器 MC₁ および MC₂ の容量が電動機の容量より小さいのは，電磁接触器により開閉する電流の値が線電流ではなく相電流のためその容量が小さくなっている．

　仕様書に指定されている器具や部品の取付けを行うための穴あけ加工が終わると，指定されていない器具や部品のレイアウトに入る．まず，器具のレイアウトは主回路に用いられている器具から始める．主回路に用いる器具の位置は，主回路の配線が最も短く配線できるように配置する．特に，主回路に用いられる電磁接触器は容量が大きく，また，形状が大きいために扉に取り付けられている表示灯や操作用のボタンスイッチなどに接触しないことを確かめておく．

　主回路に用いる器具の配置が終わると，操作回路に用いられている器具や部品のレイアウトに入る．特にタイマは，タイマを取り付けるソケットの配置が定まると，実際にタイマをソケットに差し込んで時間を整定するための目盛や数値が正しく正面から読み取れるかを確かめておく必要がある．また，扉への配線がタイマの上にきて，タイマの目盛や数値の確認および時間の整定に支障をきたさないことも確かめておかなければならない．

　これらの器具取付け板への器具や部品のレイアウトの一例を**図11-5**に示す．ただし，

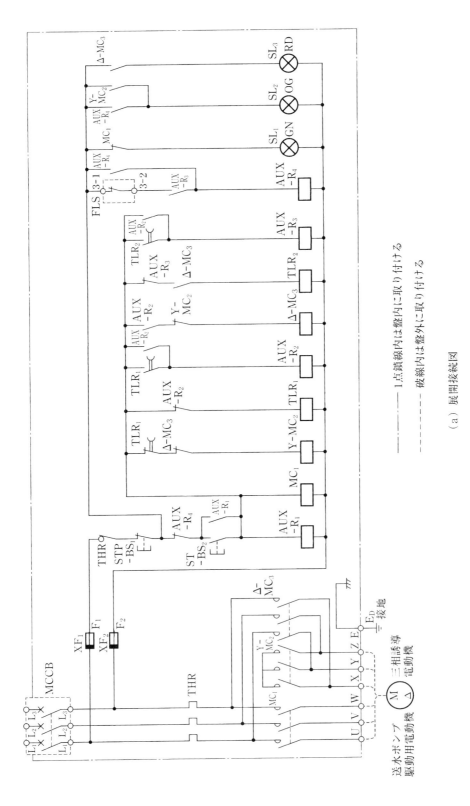

（a）展開接続図

図11-1　送水用ポンプ制御回路の展開接続図・配置図（a）

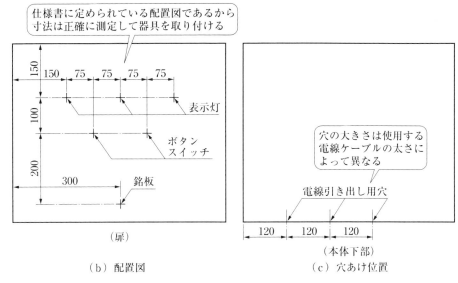

図11-1　送水用ポンプ制御回路の展開接続図・配置図（b）（c）

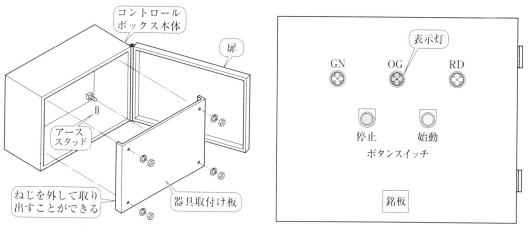

図11-2　コントロールボックスと器具取付け板　　　　図11-3　コントロールボックス扉の部品取付け

ここで示した器具の大きさや端子番号は使用する器具や部品によって異なってくること
と思われる．したがって，レイアウトを行う場合には実際に使用する器具や部品を用い
て行い，器具端子の番号なども実際に使用する器具や部品の端子番号を記入する．

11·2　シーケンス制御回路の配線の手順

　コントロールボックス内の器具や部品のレイアウトが終わり，これらの器具や部品の
取付けが終わると，シーケンス制御回路を組み立てるための配線を行わなければならな
い．次に，シーケンス制御回路の配線を行う上での注意事項と配線の手順について述べる．

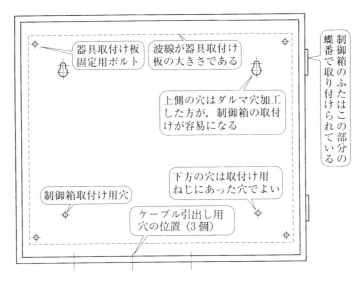

図 11-4　コントロールボックス取付け用の穴の位置

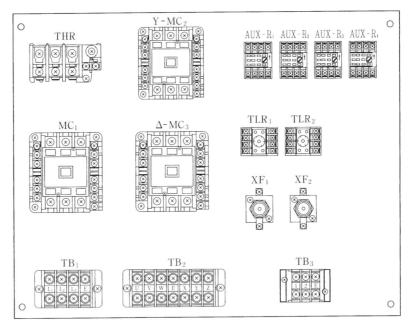

図 11-5　器具取付け板への器具の配置の一例

1 　主回路の配線手順

　シーケンス制御回路の配線は，一般に主回路配線から行われている．主回路はできる
だけ配線が短くなるように配線する．また，主回路配線では**図 11-6** に示すように，器
具の上側の端子には電源側からの配線を接続する．また，器具の下側の端子からは負荷
側への配線を接続する．

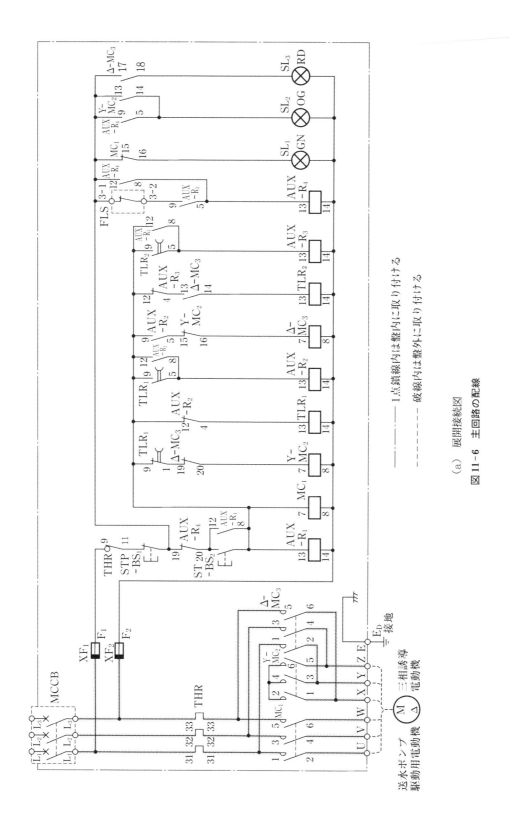

(a) 展開接続図

図11-6 主回路の配線

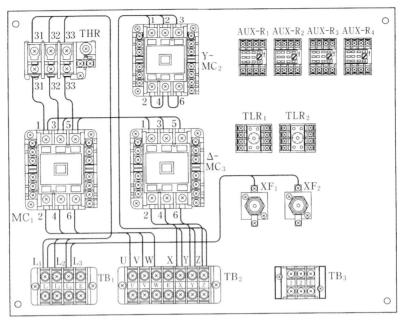

（b）　主回路の器具端子への配線

図11-6　主回路の配線

　　主回路の配線を行いながら，組み立てているシーケンス制御回路の展開接続図に配線を接続した器具の端子番号を記入し，配線の終わった箇所を黄色の色鉛筆またはけい光ペンなどを用いて配線を消して行くと配線漏れや誤配線の防止にもなる．

2　操作回路の配線手順

　　主回路の配線が終了すると，次は操作回路の配線に入る．操作回路では補助継電器の接点構成がc接点の補助継電器を使用しているため，展開接続図をよくみて補助継電器のc接点の共通端子（コモン端子）に，どの接点の端子を使用するかを決めてから配線を行わなければならない．

　　補助継電器で使用する共通端子が決まったら，接続する端子を間違わないように，展開接続図に使用する共通端子に赤鉛筆などを用いて目立つように印を付ける．

　　操作回路の配線の手順としては，**図11-7**に示すように渡り線から配線を行っていく．これは，器具端子に接続できる電線は2本までである．したがって，渡り線から配線を行っていくと，それぞれの器具端子には2本の配線が接続されている．したがって，最後に配線した器具端子に他からの配線を接続しない限り誤配線により回路が短絡する恐れがなくなる．

　　また，コントロールボックスの扉に行く配線には，600 V ビニル絶縁電線（IV）を使用すると可とう性がないため，必ず電気機器配線用ビニル絶縁電線（KIV）を用いて配線を行う．なお，操作回路の配線の手順については**図11-8 ～図11-11**に示す．

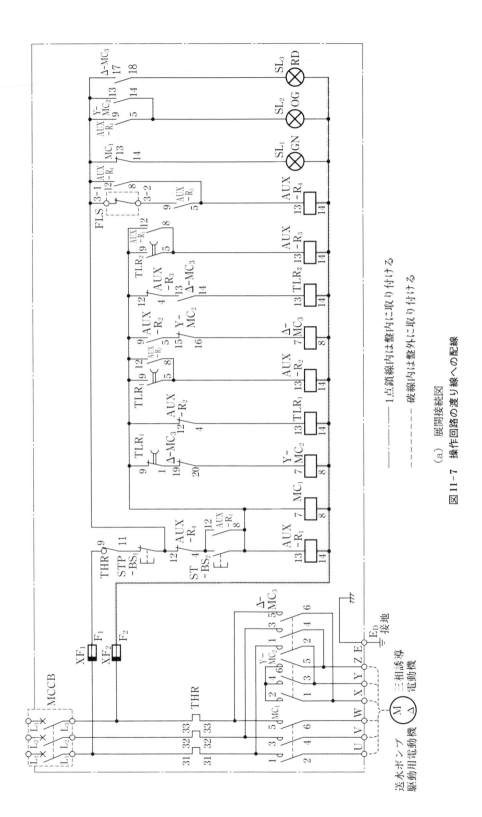

（a）操作回路の渡り線への配線

図11-7　操作回路の展開接続図

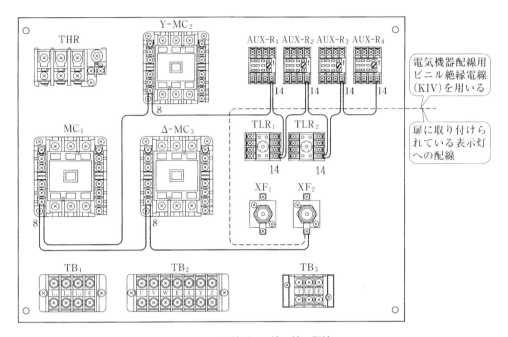

（b）　器具端子への渡り線の配線

図 11-7　操作回路の渡り線への配線

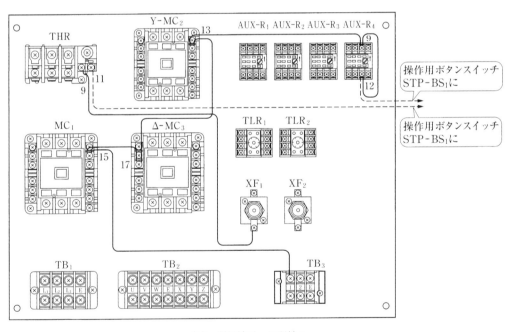

（b）　器具端子への配線 I

図 11-8　操作回路への配線 I

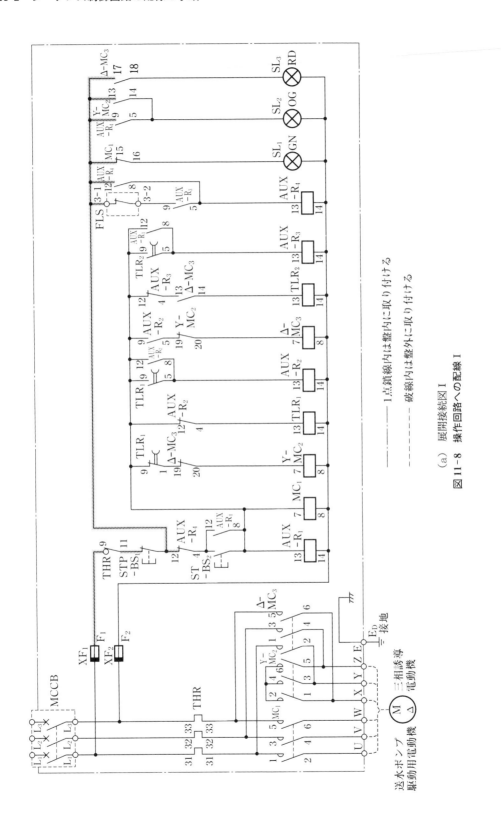

(a) 展開接続図 I

図 11-8 操作回路への配線 I

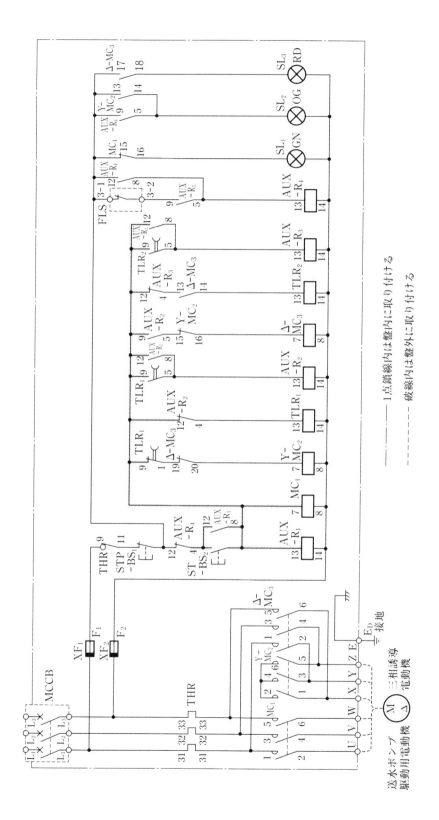

（a）展開接続図II

図11-9　操作回路への配線II

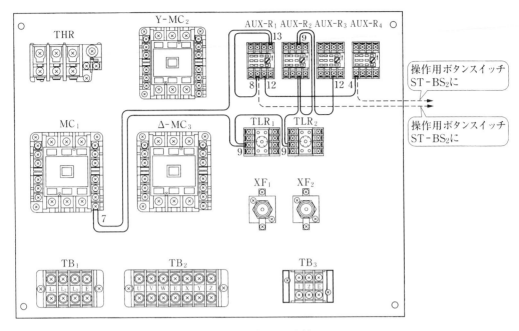

(b) 器具端子への配線Ⅱ

図 11-9 操作回路への配線Ⅱ

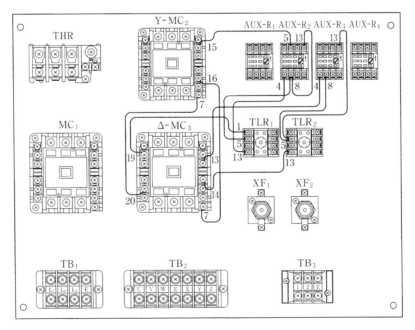

(b) 器具端子への配線Ⅲ

図 11-10 操作回路への配線Ⅲ

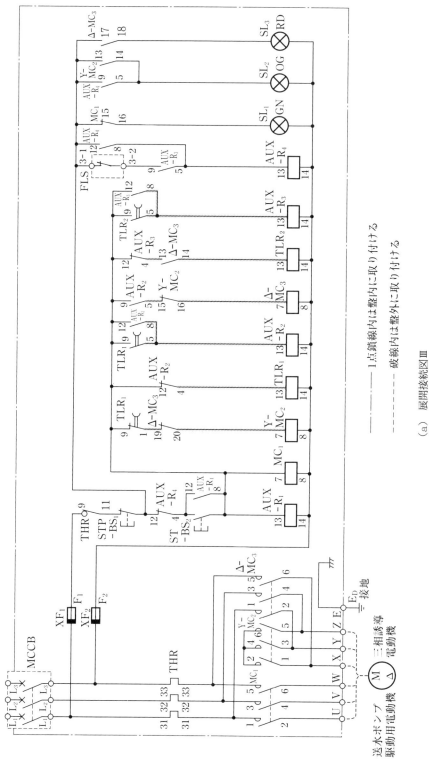

（a）　展開接続図Ⅲ

図11−10　操作回路への配線Ⅲ

——————　1点鎖線内は盤内に取り付ける

−−−−−−　破線内は盤外に取り付ける

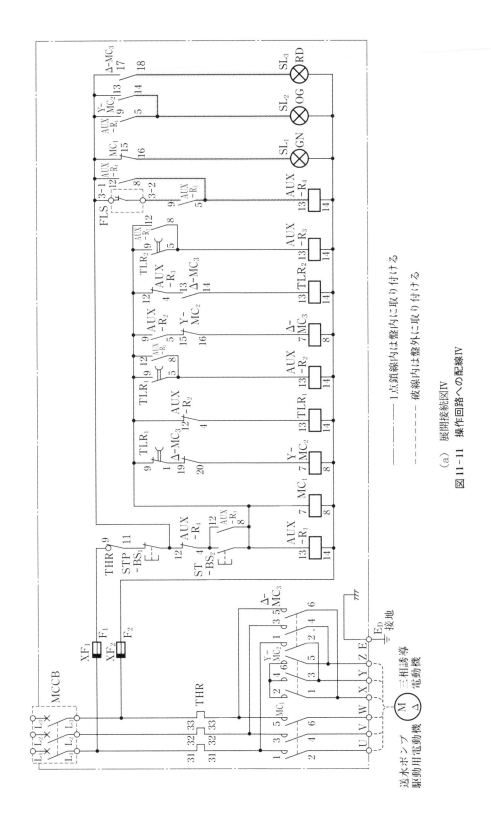

(a) 展開接続図IV

図11-11 操作回路への配線IV

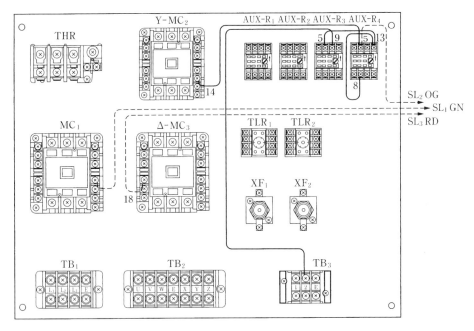

（b）　器具端子への配線Ⅳ

図 11-11　操作回路への配線Ⅳ

3　その他の配線

　操作回路の配線が終わると器具取付け板にアーススタッドを取り付け，**図 11-12** に示すように各端子台の接地用端子に接地線の配線を行う．配線が終わるとアーススタッドに用いた一番上のナットの表面を緑色のサインペンなどを用いて緑色に塗って接地の表示を行う．

　コントロールボックスの扉への配線は 7 本であるが，これらのコントロールボックス本体からの電線を結束バンドまたはビニルひもを用いて束配線とする．また，この電線に傷がつかないようにビニルチューブまたはスパイラルチューブなどを用いて電線の保護を行う．

　器具取付け板の配線が終了すると，コントロールボックスを定められた所定の位置に取り付ける．次に，シーケンス制御回路が組み立てられた器具取付け板をコントロールボックス内に取り付ける．コントロールボックス内に器具取付け板が取り付けられると，次はコントロールボックスの扉への配線に入る．コントロールボックスの扉には，表示灯および操作用ボタンスイッチが取り付けられている．これらの部品への配線は，表示灯の渡り線から行っていく．渡り線の配線に用いる電線には 600 V ビニル絶縁電線（IV）を用いてよい．最後に，器具取付け板からの配線を，表示灯および操作用ボタンスイッチへ配線を行い，これらの配線を束配線してコントロールボックス内のシーケンス制御回路の組立てを終了する．

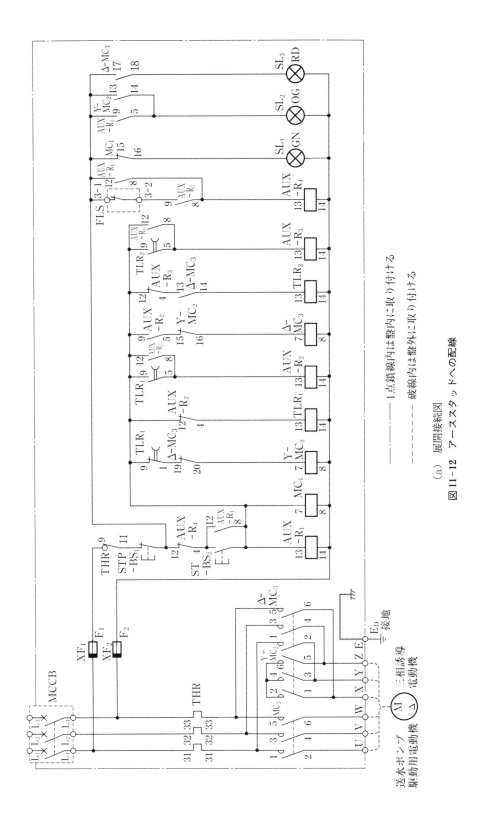

（a）展開接続図

図11-12　アーススタッドへの配線

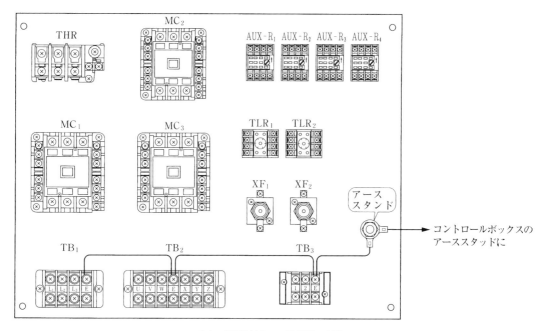

（b）　器具端子への接地線の配線

図11-12　アーススタッドへの配線

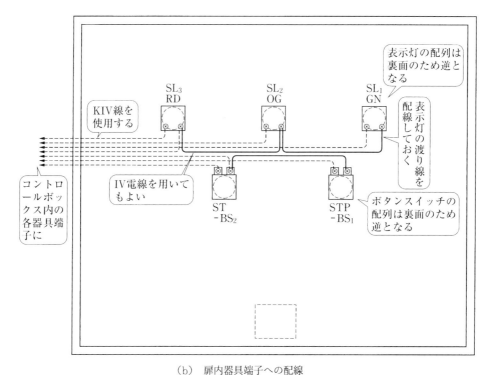

（b）　扉内器具端子への配線

図11-13　コントロールボックス扉内の配線

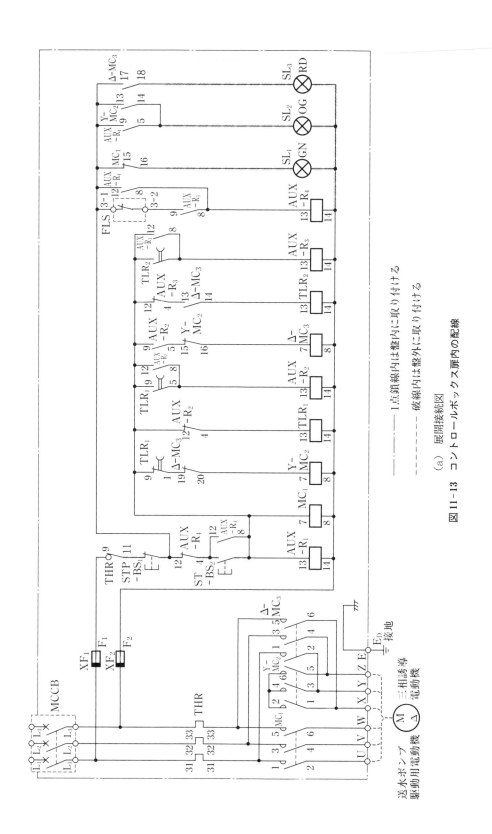

(a) 展開接続図

図11-13 コントロールボックス扉内の配線

第12章 制御盤の組立に使用する工具

制御盤を組み立てるには多くの工具が使用されている．これらの工具は用途に合致した工具を選び，選んだ工具を正しく使用しないと思いがけない事故が生じる場合がある．第12章では，制御盤を組み立てるに際して比較的多く使用されている工具を選び，選んだ工具の規格，種類および正しい使い方などについて述べる．また，器具の取付けなどに用いる小ねじとナットおよび座金，ばね座金の種類などについても述べる．

12・1　ねじの締付けに用いる工具

シーケンス制御回路を組み立てるには，器具の取付けや電線を器具端子に取り付けるために多くのねじが使用されている．これらのねじを締め付けるねじ回しにも多くの種類のねじ回しがある．ねじを締め付けるには，ねじの太さに適したねじ回しを使用しないと，ねじを適正な締付けトルク値で締め付けられないのみならず，ねじの頭部の溝をつぶしてしまったりする場合がある．また，力が入りすぎると，はなはだしい場合には，ねじの頭部をねじ切ってしまったりする恐れがある．

制御盤内の多くの故障や事故は，ねじの締付け不良により取り付けられた器具が緩んだり，また，電線が接続されている器具端子などのねじが緩んで接触不良となり故障が生じる場合が多い．接続部に接触不良が生じると接続部が加熱されて甚だしい場合には火災の原因になる場合がある．制御盤には，多くの電線が使用され，これらの電線がねじにより器具端子に接続されている．したがって，制御盤の故障の原因としてねじの締付け不良により生じる場合が多い．このような事故を防ぐためには，適切な工具を選び，正しい使い方をしなければならない．

1　ねじ回し（マイナスドライバ）（JIS B 4633）

マイナスドライバは，すりわり付き小ねじ（マイナスねじ）の締付けに使用する．小ねじも，近年ではマイナスねじからプラスねじにと変わってきている．しかし，まだ，マイナスねじが使用されていたり，欧州ではマイナスねじが多く使用されている．

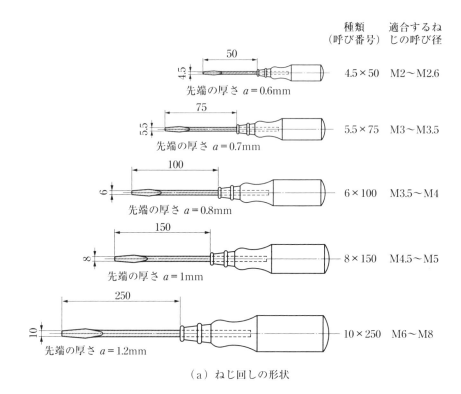

（a）ねじ回しの形状

（単位 mm）

| 呼び寸法 | 本　　体 | | | 先　端　部 | |
| | $l^{(1)}$ | $d\,^{+0.4}_{-0.2}\,^{(2)}$ | | $a \pm 0.1$ | b |
		強力級	普通級		
4.5 × 50	50	5	5	0.6	4.5 ± 0.2
5.5 × 75	75	5.5	5	0.7	5.5 ± 0.3
6 × 100	100	6	5.5	0.8	6 ± 0.3
7 × 125	125	7	6	0.9	7 ± 0.3
8 × 150	150	8	7	1	8 ± 0.3
9 × 200	200	9	8	1.1	9 ± 0.3
10 × 250	250	9	8	1.2	10 ± 0.3
10 × 300	300	9	8	1.2	10 ± 0.3

注　（1）　l の寸法は，用途によって短くすることができる．
　　（2）　丸形のものは直径，角形のものは二面幅とする．
備考　本体と握り部との結合には，ピンを用いない適切な方法を用いてもよい．

（b）　ねじ回しの呼び寸法

図 12-1　ねじ回し（マイナスねじ回し）の種類と適合するねじの呼び径（a）（b）

　小ねじに使用するねじ回し（マイナスドライバ）には 8 種類のねじ回しがあり，**図 12-1** に示す寸法のものが JIS でその規格が示されている．また，このねじ回しに適合するねじの呼び径を示す．特にマイナスねじは，ねじに適合していないねじ回しを使用すると，ねじの溝をこわすことが多い．したがって，必ずねじに適合したねじ回しを使用

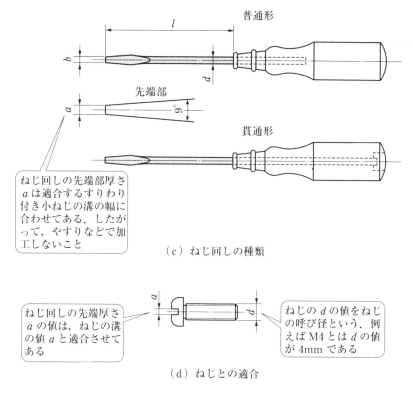

（c）ねじ回しの種類

ねじ回しの先端部厚さ *a* は適合するすりわり付き小ねじの溝の幅に合わせてある．したがって，やすりなどで加工しないこと

ねじ回しの先端厚さ *a* の値は，ねじの溝の値 *a* と適合させてある

ねじの *d* の値をねじの呼び径という．例えば M4 とは *d* の値が 4mm である

（d）ねじとの適合

図 12-1　ねじ回し（マイナスねじ回し）の種類と適合するねじの呼び径（c）（d）

しなければならない．

2　十字ねじ回し（プラスドライバ）（JIS B 4633）

　十字ねじ回しは，十字穴付きねじ（プラスねじ）の締付けに使用する．現在使用されているほとんどのねじは，十字穴付きねじが使用されている．この理由はねじ回し（マイナスドライバ）では，1 本のねじ回しで適合する小ねじの範囲は狭い．

　しかし，十字ねじ回し（プラスドライバ）では，特に多く使用されているねじの呼び番号が M3～M5 までのねじに対して，呼び番号が No.2（2 番）の十字ねじ回しが適合し，この No.2 の十字ねじ回し 1 本で M3～M5 までのねじの締付けを行うことができる．このようにプラスドライバはその適用範囲が広く，作業性に優れているためにプラスねじ回しが多く使用されている．

　しかし，1987 年に十字穴付き小ねじの JIS が，ISO との適合性を持った内容に改正されたのに伴い，適合するねじの呼び径の番号が変わった．したがって，新しい規格のねじを使用する場合には注意を要する．ただ，新 JIS への移行には相当な時間がかかるようである．十字ねじ回しの種類には，**図 12-2** に示すように H 形の 4 種類と S 形とがある．また，この十字ねじ回しの種類と，十字ねじ回しに適合するねじの呼び径とを図 12-2 に示した．

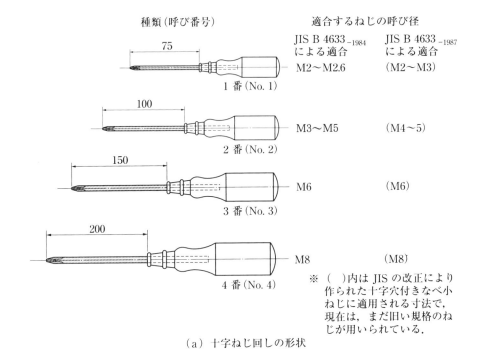

種類（呼び番号）　　　　　　　　　適合するねじの呼び径

JIS B 4633 $_{-1984}$　　JIS B 4633 $_{-1987}$
による適合　　　　による適合

1 番（No. 1）　　　　M2〜M2.6　　　（M2〜M3）

2 番（No. 2）　　　　M3〜M5　　　　（M4〜5）

3 番（No. 3）　　　　M6　　　　　　（M6）

4 番（No. 4）　　　　M8　　　　　　（M8）

※（　）内は JIS の改正により
作られた十字穴付きなべ小
ねじに適用される寸法で，
現在は，まだ旧い規格のね
じが用いられている．

（a）十字ねじ回しの形状

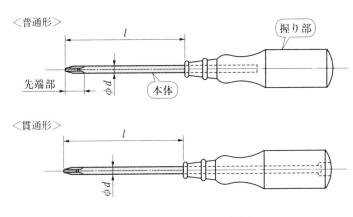

＜普通形＞　　　　　　　　l　　　　　　　　　握り部

先端部　ϕd　　本体

＜貫通形＞　　　　　　　　l

ϕd

（b）十字ねじ回しの種類

（単位 mm）

種類		H形				S形
呼び番号		1番	2番	3番	4番	―
$d^{(1)}$	基準寸法	5	6	8	9	3または4
	許容差	+0.4 −0.2				
$l^{(2)}$		75	100	150	200	75

注　（1）丸形のものは直径，角形のものは二面幅とする．
　　（2）l の寸法は，用途によって短くすることができる．
備考　本体と握り部との結合には，ピンを用いない適切な方法を用いてもよい．

（c）十字ねじ回しの呼び番号

図12-2　十字ねじ回し（プラスねじ回し）の種類と適合するねじの呼び径

3　ボックスドライバ

　ボックスドライバは六角ナットの着脱を行うに際して使用する．その種類や等級に関してはJISでは定められていない．したがって，ここでは一般に市販されているボックスドライバについて述べる．

　ねじをナットを用いて締め付ける場合，ねじをねじ回しで固定して，ナットの方を回してねじの締付けを行う場合が多い．したがって，ねじの締付け作業では，ボックスドライバを使用すると便利である．**図12-3**にボックスドライバの種類と適合するナット

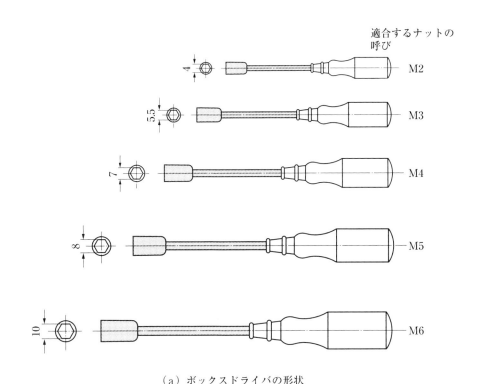

（a）ボックスドライバの形状

ナットの呼び	二面幅
M2	4mm
M2.5	5mm
M3	5.5mm
M4	7mm
M5	8mm
M6	10mm
M8	13mm

寸法 B の値をナットの二面幅と呼んでいる

六角ナットの呼びは，ねじの呼び径に対する二面幅の値により区分する

（b）ナットの寸法

図 12-3　ボックスドライバの種類と適合するナットの呼び

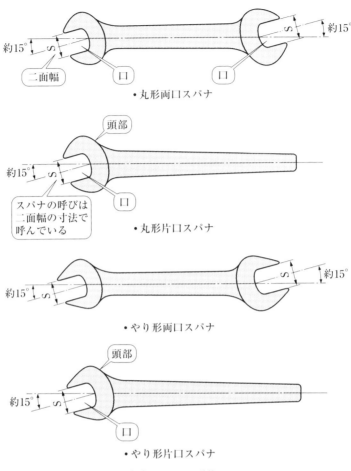

（a）スパナの形状

呼び	二面幅 S の寸法（mm）	適合するナット・ボルトの呼び	両口スパナの呼び
5.5 (1)	5.5	M 3	5.5×7
6	6	M 3.5	6×7
7 (1)	7	M 4	7×8
8 (1)	8	M 5	8×10
10 (1)	10	M 6	10×13
13 (1)	13	M 8	13×16
16 (1)	16	M 10	16×18
18 (1)	18	M 12	18×21
21 (1)	21	M 14	21×24
24 (1)	24	M 16	24×27
27	27	M 18	27×30
30 (1)	30	M 20	30×32
32	32	M 22	

備考　（1）　片口スパナの寸法

図12-4　スパナの種類と適合するナット・ボルトの呼び

の呼び径とを示す.

4　スパナ（JIS B 4630）

　スパナは，六角ボルトやナットおよび四角止めねじの締付けや取外しに使用する．スパナの種類には片口と両口とがある．また口の形状には丸形とやり形とがある．これらスパナの形状と適合するナットおよびボルトについて**図 12-4** に示す.

5　六角棒スパナ（JIS B 4648）

　六角棒スパナは，六角穴付きボルトや止めねじの締付けに用いられている．六角棒スパナの種類は二面幅の寸法により分類されており，六角棒スパナの呼びと適合するボルトを**図 12-5** に示す.

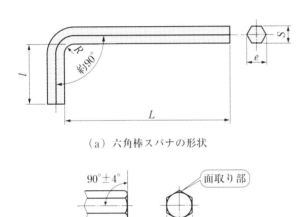

（a）六角棒スパナの形状

（b）六角棒スパナの端部

六角棒スパナ の呼び	適合する六角穴付き ボルト
1.5	M 1.6 M 2
2	M 2.5
2.5	M 3
3	M 4
4	M 5
5	M 6
6	M 8
8	M 10
10	M 12
12	M 14
14	M 16
17	M 20
19	M 24

（c）六角棒スパナに適合する六角穴付きボルトの呼び

図 12-5　六角棒スパナの種類と適合する六角穴付きボルトの呼び

12·2　ねじの種類

　制御盤を組み立てるには多くのねじが使用されている．器具や電線を接続する端子などに使用されているねじは，ほとんどが小ねじである．小ねじとは，ねじの呼び径が 8 mm 以下のねじを小ねじと呼んでいる.

　ここでは，これらの小ねじの種類とナット，平座金，ばね座金などについて述べる.

なお，これらのものは国際規格に適合させるために JIS の改正が行われ，従来用いられていたものについては，JIS の附属書で規定されている．

■1　すりわり付き小ねじ（JIS B 1101）

　すりわり付き小ねじ（マイナスねじ）の頭部の形状には8種類のものがあったが，JISの改正によりチーズ小ねじ，なべ小ねじ，皿小ねじおよび丸皿小ねじの4種類となった．また，ねじ先の形状には9種類のものがあり，それぞれの用途により使い分けられている．すりわり付き小ねじでは，頭部の形状はなべ小ねじで，ねじ先はあら先の小ねじが多く使用されている．

　ねじの材質としては，鋼，ステンレス鋼および黄銅のものがあり，器具などの取付けには鋼を，また，電気回路には黄銅のねじが使用される場合が多い．これらすりわり付き小ねじの形状等を**図12-6**に示す．

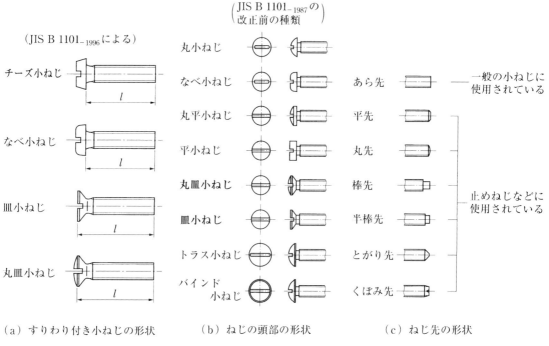

（a）すりわり付き小ねじの形状　　　（b）ねじの頭部の形状　　　（c）ねじ先の形状

図12-6　すりわり付き（マイナス）小ねじの種類

■2　十字穴付き小ねじ（JIS B 1111）

　十字穴付き小ねじ（プラスねじ）の頭部の形状には6種類のものがあったが，JISの改正によってなべ小ねじ，皿小ねじおよび丸皿小ねじの3種類となった．また，ねじ先の形状には9種類のものがあり，それぞれの用途によって使い分けられている．十字穴付き小ねじでは，頭部の形状はなべ小ねじでねじ先はあら先の小ねじが多く使用されて

いる.

　ねじの材質としては，鋼，ステンレス鋼および黄銅のものがあり，器具などの取付けには鋼を，また，電気回路には黄銅のねじが使用される場合が多い．これら十字穴付き小ねじの形状等を**図12-7**に示す.

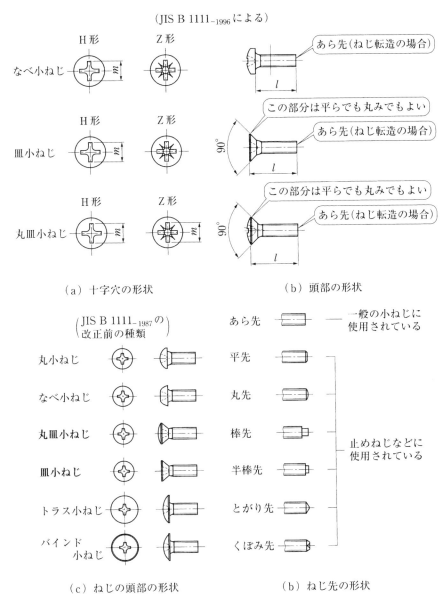

（JIS B 1111₋₁₉₉₆による）

（a）十字穴の形状　　　　　　　　　（b）頭部の形状

（c）ねじの頭部の形状　　　　　　　（b）ねじ先の形状

図12-7　十字穴付き（プラス）小ねじの種類

❸　小ねじの呼び径とその長さ

　小ねじは，**表12-1**に示すようにねじの呼び径とねじの長さにより多くの種類のもの

表 12-1　小ねじの長さ（JIS B 1103 より抜粋）

(a)　すりわり付きなべ小ねじの長さ

（単位 mm）

ねじの呼び／呼びの長さ	M1.6	M2	M2.5	M3	(M3.5)	M4	M5	M6	M8	M10
2										
2.5										
3										
4										
5										
6										
8										
10										
12										
(14)										
16										
20										
25										
30										
35										
40										
45										
50										
(55)										
60										
(65)										
70										
(75)										
80										

（左欄に l の記号）

備考　1.　ねじの呼びに括弧を付けたものは，なるべく用いない．
　　　2.　ねじの呼びに対して推奨する呼び長さ（l）は，太線の枠内とし，波線の位置より短い呼び長さのものは，注文者から指定がない限り全ねじとする．
　　　　　なお，呼び長さに括弧を付けたものは，なるべく用いない．
　　　3.　ねじのない部分（円筒部）の径は，一般にほぼねじの有効径とするが，ほぼ，ねじの呼び径にしてもよい．ただし，その直径は，ねじ外径の最大値より小でなければならない．
　　　4.　ねじ先の形状は，ねじ転造の場合はあら先，ねじ切削の場合は面取り先とし，その他のねじ先を必要とする場合は，注文者が指定する．ただし，ねじ先の形状・寸法は，原則として JIS B 1003 による．

が作れられている．例えば，ねじの呼び径が M4 の小ねじでは，その長さは 5，6，8，10，12，14，16，20，25，30，35 および 40 mm の 12 種類の長さのものが標準となっている．したがって，ねじの呼び径が 4 mm 小ねじを使用する場合には，この 12 種類の中から適当な長さのねじを選んで使用する．この他の規格外の長さのものについては表 12-1 (c) に示す長さのねじがある．

4　タッピンねじ（JIS B 1115, 1122）

　タッピンねじは，金属やプラスチックに下穴をあけて下穴にねじ自体でタップを立てながら締付けができるねじである．タッピンねじは，一般のねじに比べてねじを緩めるときの戻しトルクの値が大きく，緩み止め効果が大きい．また，ナットや平座金，ばね座金を用いなくてもよいのが特徴である．タッピンねじにもすりわり付き（マイナス），

表 12-1 小ねじの長さ (JIS B 1103 より抜粋)

(b) 十字穴付きなべ小ねじの長さ　　　　　　　　　　　　　　　(単位 mm)

ねじの呼び／呼びの長さ	M1.6	M2	M2.5	M3	(M3.5)	M4	M5	M6	M8	M10
3										
4										
5										
6										
8										
10										
12										
(14)										
16										
20										
25										
30										
35										
40										
45										
50										
(55)										
60										

(左端の列は *l*)

備考
1. ねじの呼びに括弧を付けたものは，なるべく用いない.
2. ねじの呼びに対して推奨する呼び長さ (*l*) は，波線の位置より短い呼び長さのものは，注文者からの指定がない限り全ねじとする.
   なお，*l* に括弧を付けたものは，なるべく用いない.
3. ねじがない部分 (円筒部) の径は，一般にほぼねじの有効径とするが，ほぼ，ねじの呼び径にしてもよい．ただし，その直径は，ねじ外径の最大値より小さくしなければならない.
4. ねじ先の形状は，ねじ転造の場合はあら先，ねじ切削の場合は面取り先とし，その他のねじ先を必要とする場合は，注文者が指定する．ただし，ねじ先の形状・寸法は，原則として JIS B 1003 (ねじ先の形状・寸法) による.

(c) 規格以外の長さ　　　　　　　　　　　　　　　　　　　　　(単位 mm)

65	70	75	80	90	(95)	100	(105)	110	(115)	120	(125)	130	140	150	160	170	180	190	200

十字穴付き (プラス) および六角タッピンねじがある.

　タッピンねじの頭部の形状にも，なべ，皿および丸皿の 3 種類のものがあり，ねじ先は C 形と F 形の 2 種類である．しかし，1988 年に JIS が改正される前には十字穴付きタッピンねじの頭部の形状には，なべ，皿，丸皿，トラス，バインドおよびプレジャの 6 種類のタッピンねじがあり，ねじ先には 1 種，2 種および 3 種の 3 種類のものがあった．これらタッピンねじは現在でも使用されている場合もあることと思われる．そこで JIS の改正前のタッピンねじの形状を図 12-8 に，その呼び径と長さを表 12-2 に示す.

　タッピンねじのねじ部は転造によって作られている．とがり先はテーパの部分にも完全なねじ山が成形されている．したがって，ねじ込み時のトルクが平先のものよりも総じて低いことから，剛性の小さい薄鋼板や木部を含むものへのねじ込みにはとがり先が多く使用されている.

　しかし，とがり先は穴への差込みは容易である反面，差し込んだタッピンねじの姿勢

が崩れやすいという欠点がある．したがって，薄板へのねじ込みに際してはタッピンねじが傾かないように注意しなければならない．平先は，テーパ部のねじ山が不完全なものとなっている．したがって，ねじ込みトルクはとがり先よりも大きくなる．しかし，テーパ部の長さはそれよりも短いためねじ込みが早くでき，タッピンねじを穴に差し込んだときの安定性が良いため，とがり先の相手材よりも厚いものへのねじ込みに用いられている．平先にはねじ込み性を良くするために切り刃をつけたものもある．

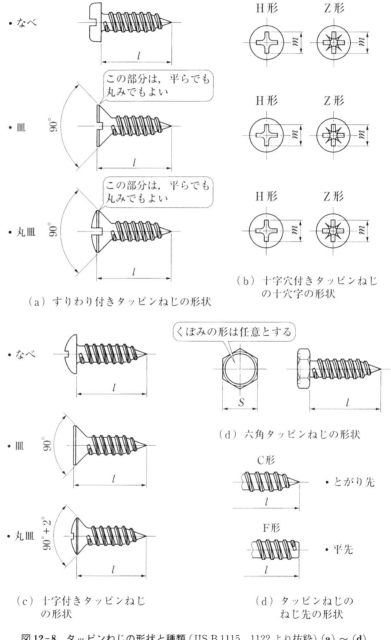

（a）すりわり付きタッピンねじの形状

（b）十字穴付きタッピンねじ
　　の十穴字の形状

（d）六角タッピンねじの形状

（c）十字付きタッピンねじ
　　の形状

（d）タッピンねじの
　　ねじ先の形状

図12-8　タッピンねじの形状と種類（JIS B 1115, 1122 より抜粋）(**a**)～(**d**)

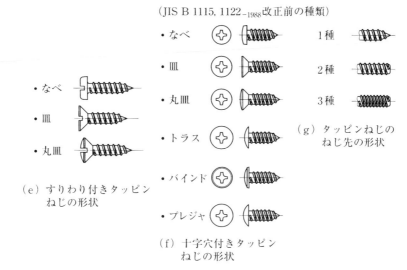

図 12-8　タッピンねじの形状と種類（JIS B 1115, 1122 より抜粋）（e）〜（g）

表 12-2　タッピンねじの呼びと長さ

（単位 mm）

呼びの長さl ＼ ねじの呼び	ST2.2	ST2.9	ST3.5	ST4.2	ST4.8	ST5.5	ST6.3	ST8	ST9.5
4.5		—	—	—	—	—	—	—	—
6.5			—	—	—	—	—	—	—
9.5							—	—	—
13								—	—
16									
19									
22									
25									
32									
38									
45									
50									

備考：ねじの呼びに対して推奨する呼び長さ（l）は，太線の枠内とし，上段の
太線より短い長さは用いない．

5　六角穴付きボルト（JIS B 1176）

　六角穴付きボルトは，ボルトの頭部に六角穴が付いていて，六角棒スパナにより締付けを行う．六角穴付きボルトはすりわり付き小ねじや十字穴付き小ねじに比べてねじを回す頭部の強度が強く，また，取付け部をざぐって，そこにねじの頭を入れる埋込みができ，外部にねじの頭が出せない箇所などに使用することができる．

　したがって，材質も強度をもたせるために鋼とステンレス鋼の2種類がある．これら六角穴付きボルトの形状を**図12-9**に，またねじの呼び径と長さを**表12-3**に示す．

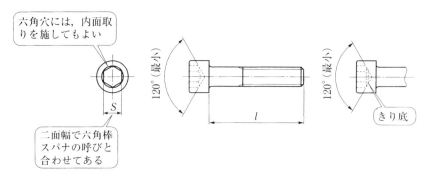

図 12-9　六角穴付きボルトの形状（JIS B 1176 より抜粋）

表 12-3　六角穴付きボルトのねじの呼びと長さ

（a）　六角穴付きボルトのねじの呼びと長さ

（単位 mm）

ねじの呼び(d)／呼びの長さ l	M1.6	M2	M2.5	M3	M4	M5	M6	M8
2.5								
3								
4								
5								
6								
8								
10								
12								
16								
20								
25								
30								
35								
40								
45								
50								
55								
60								
65								
70								
80								

（b）　六角穴付きボルトの呼びと二面幅 S

（単位 mm）

呼び／二面幅	M1.6	M2	M2.5	M3	M4	M5	M6	M8
S の呼び	1.5	1.5	2	2.5	3	4	5	6

12·3　ナットおよび座金

ねじを用いて器具などを盤に取り付ける場合には，ナットや平座金およびばね座金などを用いている．したがって，ここでは，ナット，平座金およびばね座金の種類とその使い方について述べる．

1　六角ナット（JIS B 1181）

ナットはねじと組み合わせて使用されている．ナットには四角ナットや六角ナットなどがある．ここでは，小ねじと組み合わせて使用する六角ナットについて述べる．六角ナットは，ナットの種類，形状，寸法，等級などにより分類されている．また，材質には鋼，ステンレス鋼および黄銅がある．しかし，規格では鋼製の六角ナットについて規定されている．また，他の材質のものについては附属書により規定されている．これらの六角ナットの外観と種類について**図 12-10** に示す．

2　ばね座金（JIS B 1251）

ばね座金（スプリングワッシャ）は，小ねじやナットの座面と締付け部との間にはさんで使用することによりねじの緩みを防止する役目を果たしている．ばね座金には2号と3号の2種類のものがある．3号は重荷重用のもので，一般には2号のばね座金が使用されている．また，ばね座金の材質には硬鋼，ステンレス鋼およびりん青銅のものがある．ばね座金の外観とその呼び径とを**図 12-11** に示す．また，ばね座金の代わりに図12-11(b) に示す歯付き座金（JIS B 1255）を用いる場合もある．

3　平座金（JIS B 1256）

平座金（ワッシャ）は，ねじにより取り付けられる器具などが，ねじやばね座金などによって傷つくのを防いだり，また，器具を保護するために用いられている．その形状には丸座金および角座金がある．ここでは，一般に多く使用されている丸座金について述べる．

丸座金には，小形丸，みがき丸および並丸がある．並丸は呼び径が 6 mm 以上のものに使用されている．ここでは，小ねじに用いられている小形丸およびみがき丸について述べる．丸座金の材質は鋼，ステンレス鋼および黄銅のものがあり，用途により使い分けられている．丸座金の外観と座金の呼び径について**図 12-12** に示す．

4　座金組込み十字穴付き小ねじ（JIS B 1188）

小ねじを用いて器具などを取り付ける場合，小ねじと一緒にばね座金，歯付き座金，平座金などを使用する場合が多い．座金組込み十字穴付き小ねじは，これらの座金を小

ねじに組み込み，使用に当たっての省力化を目的としたものである．座金組込み十字穴付き小ねじは，なべ小ねじ，皿小ねじ，トラス小ねじおよびバインド小ねじに座金を組み込んだ各種のものがあり，その形状は**図12-13**に示すような形状をしている．

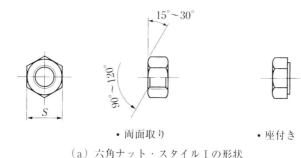

（a）六角ナット・スタイル I の形状

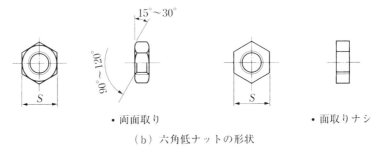

（b）六角低ナットの形状

（JIS B 1181₋₁₉₈₅ 改正前の種類）

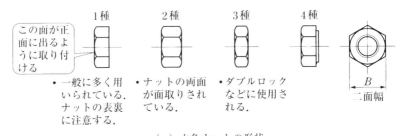

（c）六角ナットの形状

（単位 mm）

ねじの呼び d ナットの二面幅		M1.6	M2	M2.5	M3	(M3.5)	M4	M5	M6	M8	M10	M12	(M14)	M16
S	基準寸法	3.2	4	5	5.5	6	7	8	10	13	16	18	21	24

備考　1.　ねじの呼びに括弧を付けたものは，なるべく用いない．
　　　2.　ナットの形状は，指定がない限り両面取りとし，座付きは注文者の指定による．
　　　　　なお，座付きのねじ部の面取りは，"両面取り"に準じる．
　　　　　（d）　六角ナットのねじの呼びと二面幅 S

図12-10　六角ナットの外観と種類（JIS B 1181 より抜粋）

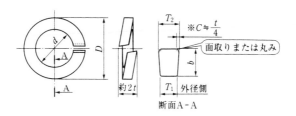

（a）ばね座金の形状

（単位 mm）

呼び	内径 d 基準寸法	断面寸法（最小） 2号 幅×厚さ[1] $b \times t$	断面寸法（最小） 3号 幅×厚さ[1] $b \times t$	外径 D（最大） 2号	外径 D（最大） 3号
2	2.1	0.9 × 0.5	—	4.4	—
2.5	2.6	1 × 0.6	—	5.2	—
3	3.1	1.1 × 0.7	—	5.9	—
(3.5)	3.6	1.2 × 0.8	—	6.6	—
4	4.1	1.4 × 1	—	7.6	—
(4.5)	4.6	1.5 × 1.2	—	8.3	—
5	5.1	1.7 × 1.3	—	9.2	—
6	6.1	2.7 × 1.5	2.7 × 1.9	12.2	12.2
(7)	7.1	2.8 × 1.6	2.8 × 2	13.4	13.4
8	8.2	3.2 × 2	3.3 × 2.5	15.4	15.6
10	10.2	3.7 × 2.5	3.9 × 3	18.4	18.8
12	12.2	4.2 × 3	4.4 × 3.6	21.5	21.9
(14)	14.2	4.7 × 3.5	4.8 × 4.2	24.5	24.7
16	16.2	5.2 × 4	5.3 × 4.8	28	28.2
(18)	18.2	5.7 × 4.6	5.9 × 5.4	31	31.4
20	20.2	6.1 × 5.1	6.4 × 6	33.8	34.4
(22)	22.5	6.8 × 5.6	7.1 × 6.8	37.7	38.3
24	24.5	7.1 × 5.9	7.6 × 7.2	40.3	41.3
(27)	27.5	7.9 × 6.8	8.6 × 8.3	45.3	46.7
30	30.5	8.7 × 7.5	—	49.9	—

注　（1）　$t = \dfrac{T_1 + T_2}{2}$　この場合, $T_2 - T_1$ は, 0.064 b 以下でなければならない. ただし, bはこの表で規定する最小値とする.

備考　呼びに括弧を付けたものは, なるべく用いない.

（b）ばね座金の呼び

図 12-11　ばね座金の外観と呼び径（JIS B 1251 より抜粋）（a）（b）

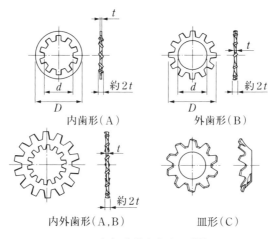

内歯形（A）　　　　　　　　外歯形（B）

内外歯形（A，B）　　　　　　皿形（C）

（c）歯付き座金の形状

（単位 mm）

呼び	d 基準寸法	D 基準寸法	t 基準寸法	歯数[1] 内歯形	外歯形
2	2.2	4.8	0.3	7	—
2.5	2.7	5.7			
3	3.2	6.5	0.45	8	8
(3.5)	3.7	7.5			
4	4.3	8.5			9
(4.5)	4.8	9.5	0.5		
5	5.3	10	0.6	9	10
6	6.4	11			12
(7)	7.4	13	0.8		
8	8.4	15			
10	10.5	18	0.9		
12	12.5	21	1	10	
(14)	14.5	23			
16	16.5	26	1.2	12	14
(18)	19	29			
20	21	32	1.4	14	16
(22)	23	35			
24	25	38	1.6		

注　（1）　歯数は推奨値を示したもので，多少増減があってもよい.
備考　1.　"呼び" に括弧をつけたものは，なるべく用いない.
　　　2.　呼び 2.5 以下のものは，外歯形には適用しない.
参考　厚さ t は，日本ばね工業会規格 JSMA No. 6 - 1976（ばね用鋼帯）によっている.

（d）歯付き座金の呼び（内歯形，外歯形）

図 12-11　ばね座金の外観と呼び径（JIS B 1251 より抜粋）（c）（d）

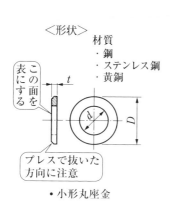

小形丸座金　　　（単位 mm）

呼び	d の寸法	D の寸法	t の寸法
2	2.2	4.3	0.3
2.2	2.5	4.6	0.5
2.5	2.8	5	0.5
3	3.2	6	0.5
(3.5)	3.7	7	0.5
4	4.3	8	0.8
(4.5)	4.8	9	0.8
5	5.3	10	1.0
6	6.4	11.5	1.6
8	8.4	15.5	1.6

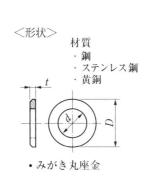

みがき丸座金　　　（単位 mm）

呼び	d の寸法	D の寸法	t の寸法
2	2.2	5	0.3
2.2	2.5	6.5	0.5
2.5	2.8	6.5	0.5
3	3.2	7	0.5
(3.5)	3.7	9	0.5
4	4.3	9	0.8
(4.5)	4.8	10	0.8
5	5.3	10	1
6	6.4	12.5	1.6
8	8.4	17	1.6

図 12-12　丸座金（平ワッシャ）の外観と呼び（JIS B 1256 より抜粋）

12・4　小ねじと平座金およびばね座金の使い方

　小ねじを用いて器具を盤面や器具取付け板などに取り付ける場合，器具や盤面の材質によって使用する座金の種類が異なる場合がある．ここでは，小ねじを用いて器具を取り付けるに当たって使用する座金の使い方について述べる．

■1　ねじによる器具の取付け

　器具の取付けや組立てには色々な方法がある．ねじとナットを用いて器具の取付けや組立てを行う場合，器具や取付け板の材質によって，平座金およびばね座金の使い方が異なってくる．一般に，金属と金属とをねじを用いて締め付ける場合，平座金は用いず，ナット側にばね座金または歯付き座金のみを入れて締付けを行う．

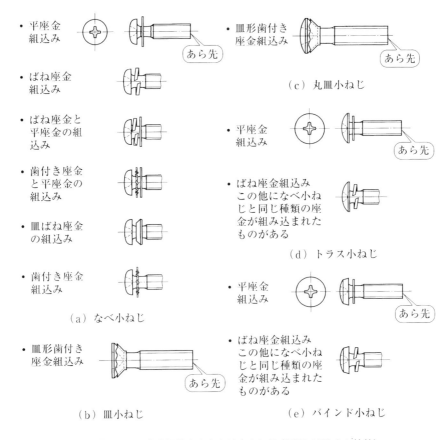

図12-13　座金組込み十字穴付き小ねじ（JIS B 1188 より抜粋）

また，モールド製品やプラスチック製品では，これらの製品とねじやナットが接する箇所に平座金を用いる．特に，磁器製品などの場合には平座金とファイバやクラフト紙製の平座とを用いて器具の締付けを行っている．

ねじの締付けには，ねじ回しとボックスドライバまたはスパナなどを用いて行っている．ねじの締付けは原則としてねじの頭をねじ回しで固定し，ナットの方を回して締付けを行っている．特に，パネル面などでは，ナットの方を固定してパネル面のねじの頭の方を回すとねじによりパネル面の塗装に傷をつける恐れがある．したがって，ねじの締付けには必ずナットの方を回して行う．

ナット表面から出るねじの長さは，短すぎたり，また，長すぎたりしないように使用するねじの長さに注意する．ナットの表面から出るねじの長さは，ねじの山数が1.5〜4山程度となるような長さのねじを選んで使用する．

ばね座金や歯付き座金を用いてもねじが緩んでくる場合がある．ねじの緩みを防止するために，ナットから出ているねじの周囲1/3〜1/2程度にねじのロック用ペイントなどを用いてねじの緩み止めを行う．これらの平座金やばね座金および歯付き座金の使い方を図12-14に示す．

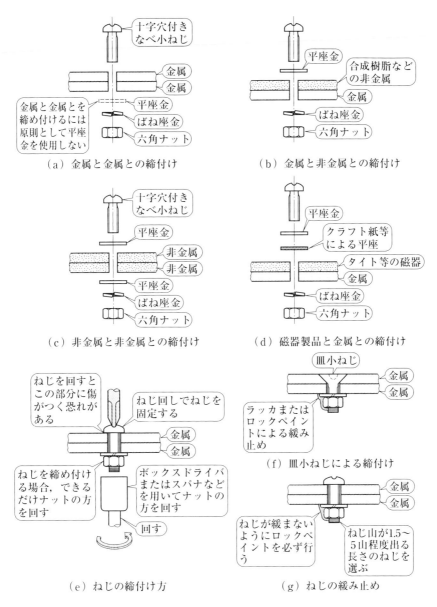

（a）金属と金属との締付け

（b）金属と非金属との締付け

（c）非金属と非金属との締付け

（d）磁器製品と金属との締付け

（e）ねじの締付け方

（f）皿小ねじによる締付け

（g）ねじの緩み止め

図 12-14　座金の使い方

2　振動や衝撃を受ける器具の取付け方

　振動する場所や衝撃を受ける場所などに器具を取り付ける場合には，ナットを 2 個使用する二重ナットによりねじの緩みの防止を行う場合がある．二重にナットを取り付ける手順は，まず，六角低ナットを用いてねじを締め付ける．次に，その上から六角ナット（両面取り）を用いて締付けを行う．このようにナットを二重に使用してねじが緩むのを防止している．

　この場合，平座金は，原則としてモールド製品やプラスチック製品を保護する場合の

み使用する．またばね座金は，二重ナットにより締付けを行う場合においても使用する．
これら二重ナットによる器具の取付け方を**図12-15**に示す．

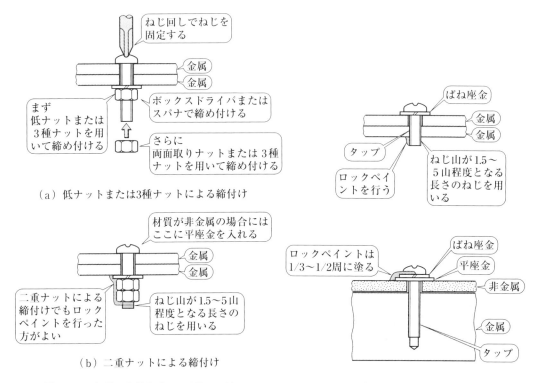

（a）低ナットまたは3種ナットによる締付け

（b）二重ナットによる締付け

図12-15　振動や衝撃を受ける器具の取付け　　　図12-16　タップの切ってある板への器具の取付け

3　タップが切ってある盤への器具の取付け

　タップの切ってある器具取付け板などに器具をねじを用いて取り付ける場合，平座金
およびばね座金の使い方としては，原則としてモールド製品やプラスチック製品以外に
は平座金を用いず，ばね座金または歯付き座金のみを用いて取付けを行う．ばね座金を
入れる位置は，ねじの頭部に入れる．また，ねじのロックペイントは，ねじの先端が板
より出ている場合は，ねじの先端にロックペイントを塗布する．もし，ねじの先端が板
より出ていない場合には，ねじの頭部の1/3〜1/2に塗布する．これらを**図12-16**に示
す．

12・5　ねじの締付け方と締付けトルク

　ねじの締付けには，ねじの太さ（呼び径）に適したねじ回しを用いなければならない．
手元にあるからといって適当なねじ回しを使用したのでは，ねじの溝をつぶしてねじを
回すことができなくなったり，また，仮に回すことができてもねじの太さに適した締付

けトルクでねじを締め付けることができず，大きな事故の原因ともなったりする恐れが生じる．

　ねじの太さに適したねじ回しを使用しても，ねじの呼び径が M3 以下の場合にはねじを締め過ぎてしまう場合がある．特に，M2 程度のねじでは少し力を入れ過ぎてねじを締め付けるとねじの頭をねじ切ってしまう場合がある．また，M5 や M6 などの太いねじでは，ねじ回しで力いっぱいにねじを締め付けても締付けトルクが不足する場合がある．したがって，ねじの太さによって，ねじの締付け方に注意して締付けを行わなけれ

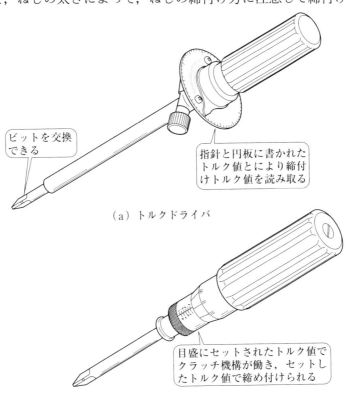

（a）トルクドライバ

（b）プリセット形トルクドライバ

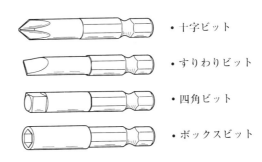

・十字ビット

・すりわりビット

・四角ビット

・ボックスビット

（c）交換用ビット

図 12-17　トルクドライバの外観

ばならない.

1   ねじの呼び径と締付けトルク

　ねじの締付けトルクの値の測定には，**図 12-17** に示すトルクドライバが使用されている. トルクドライバには，ドライバの柄の下に付いている円盤に目盛があり，指針が定められたトルク値を指示するまでドライバを回してねじの締付けを行えば規定のトルク値でねじの締付けを行うことができる. また，ねじの締付けトルクの値はねじの太さと材質によって異なる. ねじの締付けトルクの値の一例を**表 12-4** に示す.

表 12-4   ねじの呼び径と締付けトルク値

ねじの呼び径	黄銅製小ねじの締付けトルク〔kgf・cm〕	鋼製小ねじの締付けトルク〔kgf・cm〕
M 2	1.3～1.7	1.4～1.9
M 2.5	3～4	3.3～4.4
M 3	4.4～5.9	4.7～6.7
M 3.5	7.7～10.0	8.1～11
M 4	11～15	12～16
M 4.5	16～21	18～23
M 5	22～29	24～31
M 6	40～53	42～56
M 8	96～123	103～137

2   ねじ回しの使い方

　ねじの締付けトルクの値の測定は，先にも述べたようにトルクドライバを用いて測定しなければならない. しかし，制御盤の多くは製造工場で規定されているトルク値でねじの締付けを行うことができるエアドライバなどを用いてねじの締付けが行われている. したがって，工場などで作られている制御盤においてねじの締付けトルク値に関しては，適正なトルク値で締め付けられており，あまり問題は生じない.

　しかし，制御盤を修理するためにねじを外し，再びねじを締め付けるに際して問題となる. もし，手元にトルクドライバがない場合には，ねじ回しの使い方を工夫することにより，ある程度の適正な締付けトルクの値を管理することができる. まず，手早くねじを締め込むには，ねじ回しの細い金属部分を指先で回してねじを手早く締め込む. 次に，M2 程度の太さのねじであれば，ねじ回しの柄を指先で回してねじを締め付ける程度でよい.

　M3 程度のねじであれば，ねじを締め付けるためには，指先で回すのではなくねじ回しの柄をつかみ込むように握ってねじを締め付ける. M4 や M5 となると，ねじ回しの

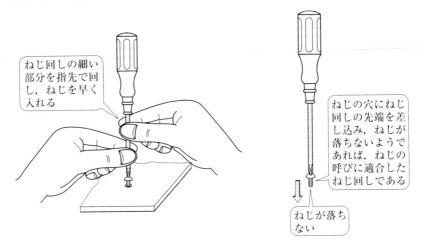

ねじ回しの細い部分を指先で回し，ねじを早く入れる

ねじの穴にねじ回しの先端を差し込み，ねじが落ちないようであれば，ねじの呼びに適合したねじ回しである

ねじが落ちない

（a）ねじの締付け始め

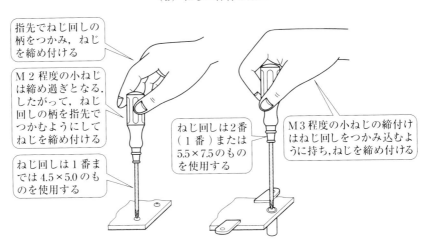

指先でねじ回しの柄をつかみ，ねじを締め付ける

M2程度の小ねじは締め過ぎとなる．したがって，ねじ回しの柄を指先でつかむようにしてねじを締め付ける

ねじ回しは1番までは4.5×5.0のものを使用する

ねじ回しは2番（1番）または5.5×7.5のものを使用する

M3程度の小ねじの締付けはねじ回しをつかみ込むように持ち，ねじを締め付ける

（b）M2程度の小ねじの締付け　　（c）M3程度の小ねじの締付け

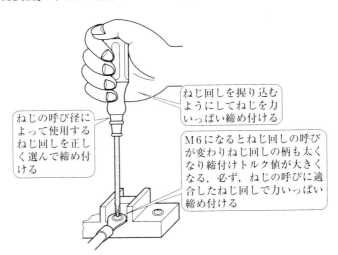

ねじの呼び径によって使用するねじ回しを正しく選んで締め付ける

ねじ回しを握り込むようにしてねじを力いっぱい締め付ける

M6になるとねじ回しの呼びが変わりねじ回しの柄も太くなり締付けトルク値が大きくなる．必ず，ねじの呼びに適合したねじ回しで力いっぱい締め付ける

（d）M4以上の小ねじの締付け

図12-18　ねじ回しの使い方

柄を握り込むようにして力いっぱい締付けを行う．M6以上のねじになると，ねじの締付けには使用するねじ回しの柄が太くなっているため，M5のねじを締め付けた場合と同じ方法により，ねじ回しの柄を握り込むようにして力いっぱい締付けを行う．これらのねじの太さによるねじ回しの使い方を**図12-18**に示す．

12・6　電線の加工に使用する工具の種類とその使い方

　電線を切断したり，電線の被覆を取ったり，曲げたり，また電子部品のリード線を加工したりするために，色々な工具が使用されている．このように電線やリード線などの加工に用いる工具の使い方とその使用上の注意などについて述べる．

1　ペンチ（JIS B 4623）

　ペンチは，**図12-19**に示すように，その呼び寸法には150，175および200の3種類がある．呼び寸法が200のペンチは太い電線の切断などに使用されている．一般に使用するには，呼び寸法が175または150のペンチを用意しておくとよい．

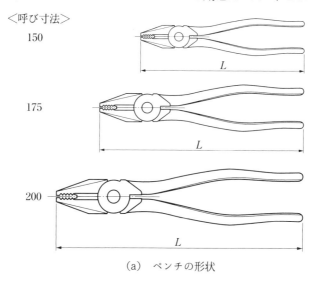

（a）　ペンチの形状

呼び寸法	L〔mm〕	用　途
200	210	太い電線の切断や電気工事などに使用する
175	185	一般に多く使用されている
150	160	少し小型で，電子機器や細い電線の切断などに使用する

（b）　ペンチの種類

図12-19　ペンチの呼び寸法と用途（JIS B 4623より抜粋）

　ペンチを用いて太い電線などを切断する場合には，**図12-20**に示すように左手で電線を，右手でペンチを持ち，ペンチの刃が内側にくるように握り，電線の切断箇所をペ

ンチの刃の根本に直角に当てて電線の切断を行う．電線が太い場合には，電線の全周に
わたって電線を回しながらペンチの刃で電線に傷を付けながら電線の切断を行う．

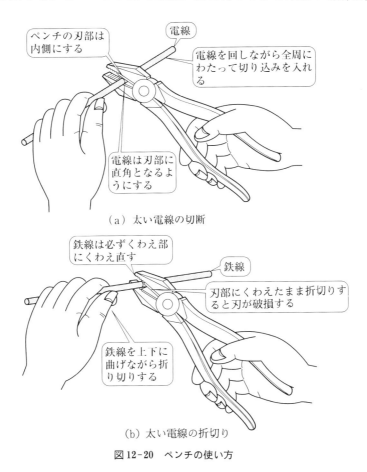

（a）太い電線の切断

（b）太い電線の折切り

図 12-20　ペンチの使い方

　もし，ペンチを力いっぱい握っても電線が切断されない場合には，電線に傷を付けた
箇所をペンチの先端のくわえ部でくわえ，この状態で電線を上下に繰り返して折り曲げ
て折切りにより電線を切断する．この場合，ペンチの刃の部分に電線をくわえたまま電
線を上下に折り曲げると，ペンチの刃は焼入れがなされているためペンチの刃を破損さ
せる恐れがある．したがって，ペンチの刃の部分を用いての折切りは絶対に行ってはな
らない．

　特に，鉄線を切断する場合には，鉄線をペンチの刃にくわえたままペンチをねじると，
ペンチの刃の部分を破損させてしまう．したがって，このようなペンチの使い方は絶対
に行ってはならない．

2　ラジオペンチと丸ペンチ

　ラジオペンチ（JIS B 4631）は，電子回路の組立てや電子部品の加工によく使用され

ている．ラジオペンチは**図12-21**に示す形状のものがある．ラジオペンチが丸ペンチと異なる部分は，ラジオペンチにはくわえ部に凹凸がつけられている．

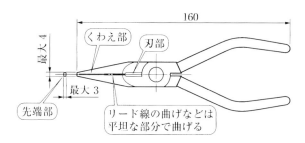

図 12-21　ラジオペンチの外観（JIS B 4631 より抜粋）

　また，電線を切断するための刃が付いている．ラジオペンチのくわえ部を用いて電子部品のリード線を曲げたり，また，リード線の加工を行ったりするとリード線に傷をつける恐れがある．したがって，ラジオペンチによる電子部品等のリード線の加工は行わないように注意する．

　丸ペンチ（JIS B 4624）は，電子回路の配線や組立てを行う際に使用する．また，電子部品の加工を行う際のリード線や配線などの曲げ加工に用いられている．丸ペンチの種類は，呼び寸法が125 および 150 の 2 種類がある．この丸ペンチの形状を**図12-22**に示す．

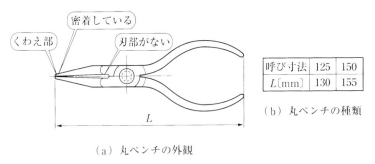

呼び寸法	125	150
L〔mm〕	130	155

（b）丸ペンチの種類

（a）丸ペンチの外観

図 12-22　丸ペンチの外形と呼び（JIS B 4624 より抜粋）

　丸ペンチはラジオペンチとは異なり，配線用の電線や電子部品のリード線の曲げに使用する．したがって，くわえ部は平坦になっていて，電線やリード線に傷が付かないようになっている．また，丸ペンチの先端部の内側は，先端から約 5 mm の間は密着していなければならない．

　丸ペンチを用いて機械的な工作をしたり，また丸ペンチにより無理をして電線等の加工に使用したりすると，丸ペンチのくわえ部の先端にひずみが生じたり，また，左右のがたが生じたりする．したがって，丸ペンチを用いて無理な工作を行うことは絶対に避けるべきである．

3　ニッパと強力ニッパ

ニッパ（JIS B 4625）は，制御盤の配線や組立ておよび修理を行う場合に電線の切断などに使用されている．ニッパは，**図12-23**に示すように，呼び寸法が125および150の2種類がある．また，等級は品質により強力級と普通級の二つの等級がある．ニッパは主として配線などに用いられている銅線類の切断に使用されている．したがって，鉄線などの切断には強力ニッパが使用される．

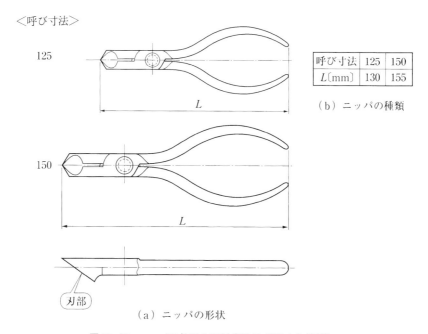

<呼び寸法>

125

呼び寸法	125	150
L〔mm〕	130	155

（b）ニッパの種類

150

刃部

（a）ニッパの形状

図12-23　ニッパの外形と呼び（JIS B 4625より抜粋）

強力ニッパ（JIS B 4635）は，**図12-24**に示すように，呼び寸法が125，150および175の3種類がある．特に，太い鉄線を切断する場合には，鉄線の全周に強力ニッパにより傷を付けながら切断する．しかし，強力ニッパで鉄線をくわえたまま，鉄線を上下に折り曲げて鉄線の折切りを行うと強力ニッパの刃を欠く恐れがある．

したがって，強力ニッパに鉄線をくわえての折切りは絶対に行ってはならない．強力ニッパでも切断できない場合には，鉄線の全周にニッパを用いて傷を付け，鉄線に傷が付いたら必ずペンチにくわえ直して，ペンチを用いて折切りにより鉄線を切断する．

4　ワイヤストリッパ

ワイヤストリッパの規格はJISにより定められていない．また，ワイヤストリッパの種類には2種類あり，**図12-25**に示すように絶縁電線の絶縁被覆を取るものと，VVF（600 V ビニル絶縁ビニルシースケーブル平形）のシースを取るものとがある．絶縁電線の絶縁被覆を取るワイヤストリッパには，電線の心線の太さが0.5〜2.0 mm 程度の太

＜呼び寸法＞

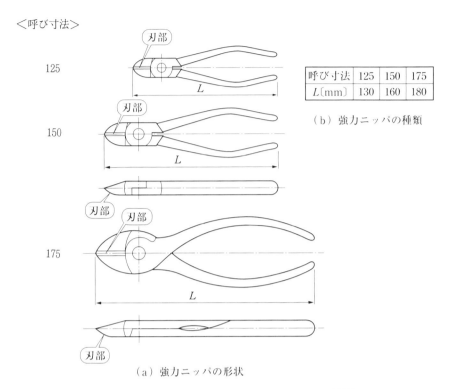

呼び寸法	125	150	175
L [mm]	130	160	180

（b）強力ニッパの種類

（a）強力ニッパの形状

図12-24　強力ニッパの外形と呼び（JIS B 4635 より抜粋）

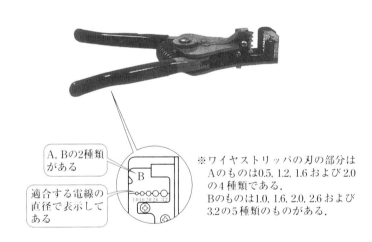

A，Bの2種類がある

適合する電線の直径で表示してある

※ワイヤストリッパの刃の部分は
Aのものは0.5，1.2，1.6 および 2.0
の4種類である．
Bのものは1.0，1.6，2.0，2.6 および
3.2の5種類のものがある．

図12-25　ワイヤストリッパの外観

さの電線の絶縁被覆を取るものと，1.0〜3.2 mm 程度の太さの電線の絶縁被覆を取るものの2種類のワイヤストリッパがある．

　ワイヤストリッパの刃の部分に記されている寸法は，電線の心線の直径の値である．したがって，単線の場合は電線の心線の直径の値に合致した箇所を使用して電線の絶縁被覆を取ればよい．しかし，電線がより線の場合には断面積で電線の太さが定められて

いる．したがって，ワイヤストリッパの刃の部分に記されている寸法を使用することはできない．

　より線の絶縁被覆を取るためにワイヤストリッパの刃の部分に記載されている電線のサイズの値を間違えて，小さな径の箇所で絶縁被覆を取ると，より線の心線を傷つけたり，甚だしい場合には，より線の素線を切り取ってしまったりする恐れがある．したがって，より線の絶縁被覆を取るに際しては，ワイヤストリッパの刃の部分に記載されている電線のサイズの値には十分に注意して電線の絶縁被覆を取るようにする．そこで，**表12-5**により線の断面積と電線の直径とのおおよその関係を示したので参考にしていただきたい．

表12-5　より線とワイヤストリッパの適合寸法

より線の公称断面積〔mm²〕	構成〔本/mm〕	外径〔mm〕	ストリッパの適合寸法
1.25	7/0.45	1.4	1.6
2.0	7/0.6	1.8	2.0
3.5	7/0.8	2.4	2.6～3.2 [1]
5.5	7/1.0	3.0	3.2～ナイフなど [1]

(1)　電線の断面積が大きくなるとストリッパの適合寸法の大きい方を使用しないと，電線の素線に傷を付ける心配がある．5.5 mm²以上のより線ではナイフを用いて被覆を取る．

5　圧着工具

　配線用の電線を器具端子に接続するのに裸圧着端子を使用する場合が多い．電線を裸圧着端子に接続するには，圧着工具を用いて電線と裸圧着端子とを圧着接続を行う．圧着端子には多くの種類の端子がある．一般に多く使用されている圧着端子は銅線用裸圧着端子（R形）である．また，圧着工具にも数多くの種類の圧着工具がある．したがって，圧着作業を行うに際しては，使用する圧着端子に適用される圧着工具を用いる．圧着工具の種類には，手動片手式，手動両手式および手動油圧式工具があり，一般には，**図12-26**に示す手動片手式の圧着工具が多く使用されている．

　圧着作業上の注意としては，圧着端子の寸法に適合した適切な圧着工具を使用し，歯形が圧着端子のろう付けされている側になるようにして圧着接続を行う．圧着端子および圧着工具の適合する寸法は，**図12-27**に示すように圧着端子では端子の面に，また，圧着工具ではダイスに，それぞれ適合する寸法が記入されている．

　圧着工具は，ダイス部にさびや傷をつけないように注意し，乱暴に取り扱って誤って落としたりすると圧力規制のラチェット機構を狂わせ，圧力値に狂いが生ずるために，取扱いには十分に注意して圧着工具を取り扱わなければならない．圧着工具の手入れはラチェット部およびヒンジ部に給油して圧着工具全体を油ぼろぎれなどを用いて拭き，さびなどが発生しないように管理する．

図 12-26　手動片手圧着工具の外観

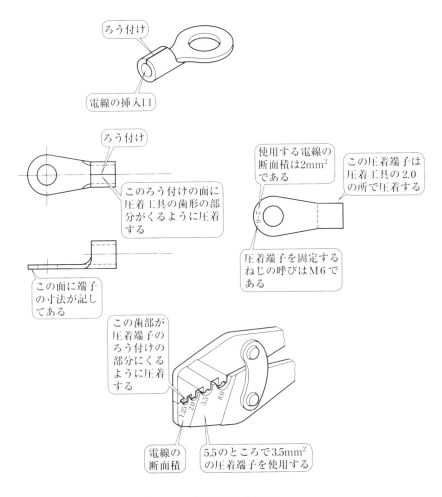

図 12-27　圧着工具と圧着端子

12・7　制御盤の加工に使用する工具とその使い方

　制御盤の加工を行ったり，またシーケンス制御回路を組み立てるために使用されている工具を選び，工具の種類と使い方および工具を使用するに当たっての注意事項について述べる.

1　鉄工やすり（JIS B 4703）

　鉄工やすりは，主として金属を手作業で仕上げる際に使用する．鉄工やすりの種類を形状で分類すると，**図12-28** に示すように，平形，半丸形，丸形，角形および三角形の5種類がある．また，その寸法は呼び寸法で分けられていて，100，150，200，250，300，

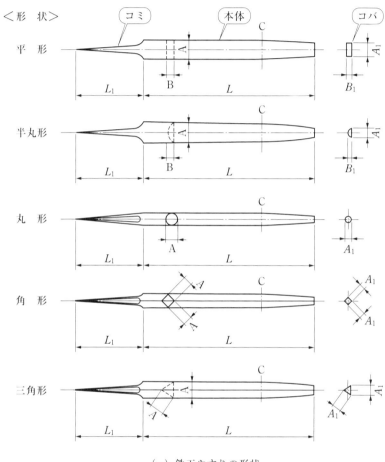

（a）鉄工やすりの形状

呼び寸法	鉄工やすりの長さ L〔mm〕
100	100
150	150
200	200
250	250
300	300
350	350
400	400

（b）鉄工やすりの呼び寸法

図12-28　鉄工やすりの種類（JIS B 4703 より抜粋）

350 および 400 の 7 種類のものがある．これらの寸法は各形状のやすりに適用されている．

　やすりの目の種類は，原則として複目とし，各形状の鉄工やすりには荒目，中目，細目および油目の 4 種類がある．目数は 25 mm の長さについて，その数は**表12-6**に示す目数となっている．

表 12-6　鉄やすりの目数　　　　　　　　　（単位 mm）

呼び寸法	上目（ウワメ）数				下目（シタメ）数				目数の許容差
	荒目	中目	細目	油目	荒目	中目	細目	油目	
100	36	45	70	110					
150	30	40	64	97					
200	25	36	56	86	各目数とも上目数の80〜90%とする				±10%
250	23	30	48	76					
300	20	25	43	66					
350	18	23	38	58					
400	15	20	36	53					

備考　1.　単目ヤスリの場合は，この表の上目数を適用する．
　　　2.　コバの目数は，上目数と同一の単目にする．

　複目やすりは綾目やすりとも呼ばれ，**図12-29**に示すように上目と下目とが「あや」になるように目を切ったものである．最初に切った目を下目，後に切った目を上目と呼んでいる．目のコバに対する傾きは，下目では 40°〜45°，上目では 70°〜80° 程度で，下目は上目の角度より小さくなっている．やすりは上目で主として切削を行い，下目では切りくずの排出を行っている．このほかやすりの目としては，**図12-30**に示すような単目やすりがある．

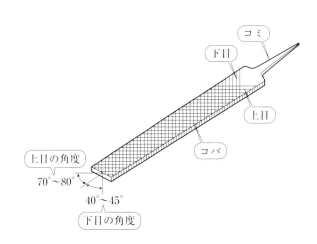

図 12-29　鉄工やすりの複目の角度

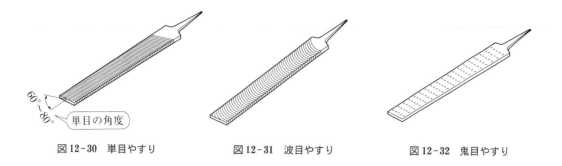

図 12-30　単目やすり　　　　　図 12-31　波目やすり　　　　　図 12-32　鬼目やすり

　単目やすりは切れ刃の方向を一方向とし，その目の角度はコバに対して 60°～85° に傾けて目が切ってある．単目やすりは，鉛，アルミニウムなどの軟らかい金属や薄い金属材料の仕上げや，また，合成樹脂やベークライトなどの仕上げに使われている．

　波目やすりは，**図 12-31** に示すように目が波形としたやすりで，削りくずが目に詰まらないため，銅板，鉛，アルミニウム，木材，樹脂製品などに使用され，その切削力は大きい．

　鬼目やすりの目は**図 12-32** に示すような形状をしている．鬼目やすりは主として木，皮，ファイバなどの材料に対して使用されている．

　これらの鉄工やすりを使用するには，やすりに柄を取り付けて使用する．やすりの柄はやすりの大きさによって大（137 mm），中（125 mm），小（100 mm）の 3 種類の柄があり，いずれか使用するやすりに適合した長さの柄を選んで使用する．

　鉄工やすりの正しい持ち方は，**図 12-33** に示すように右手の手のひらのくぼみに柄の端を当て，親指を上に，他の指全部を下側に回して軽く握る．右手の手のひらの付け根をやすりの上側に添えて持つのが正しい持ち方である．

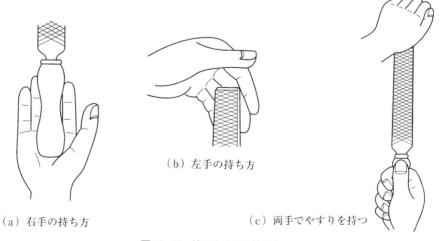

（a）右手の持ち方　　　　　　（b）左手の持ち方　　　　　　（c）両手でやすりを持つ

図 12-33　鉄工やすりの持ち方

2 組やすり（JIS B 4704）

　組やすりは主として制御盤や器具などの小さな部分を手仕上げで仕上げる際に使用するやすりである．組やすりはそれぞれの異なる形状のやすりを組み合わせて 1 組とし，

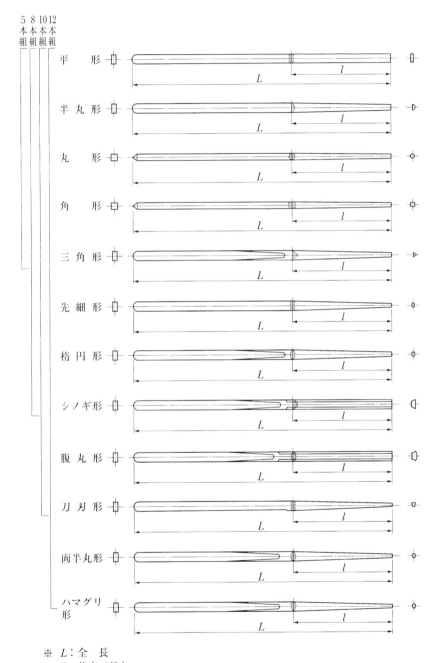

※ *L*：全　長
　 l：仕立て長さ

図 12-34　組やすりの形状と組合せ（JIS B 4704 より抜粋）

組やすりには 5 本組，8 本組，10 本組および 12 本組の 4 種類がある．

　形状および寸法は，それぞれの組の種類によって異なり，5 本組では平形，半丸形，丸形，角形および三角形の 5 本である．8 本組ではこれに先細形，シノギ形および楕円形のやすりが加わって 8 本となる．10 本組では 8 本組に腹丸形および刀刃形 2 本が加わる．12 本組は 10 本組に両半丸形およびハマグリ形の 2 本が加わって 12 本となる．これら組やすり 12 本組の形状を**図 12-34** に示す．また各組やすりの寸法を**表 12-7** に示す．

表 12-7　組やすりの形状と寸法

種類	全長 L [mm]	仕立て長さ l [mm]	平形 [mm]	半丸形 [mm]	丸形 [mm]	角形 [mm]	三角形 [mm]	先細形 [mm]
5本組	215	110	11×3.5	12×3.8	5.5φ	5.5×5.5	9	
8本組	200	100	9×3	9.5×3	4.3φ	4.3×4.3	7.5	9×3
10本組	185	85	7×2.5	7.3×2.5	3.2φ	3.2×3.2	6	7×2.5
12本組	170	70	4×2	4.2×2	2.5φ	2.5×2.5	4	4×2

種類	全長 L [mm]	仕立て長さ l [mm]	楕円形 [mm]	シノギ形 [mm]	腹丸形 [mm]	刀刃形 [mm]	両半丸形 [mm]	ハマグリ形 [mm]
5本組	215	110						
8本組	200	100	9×4.5	9.5×3				
10本組	185	85	7×3.4	7.3×2.5	7.3×2.5	8.2×1.2		
12本組	170	70	4×2.5	4.2×2	4.2×2	4.5×0.7	4×2.2	4.2×2.2

（**注**）形状の寸法は目立ての始まる位置の寸法を示す．

表 12-8　組やすりの目の種類と目数

種類	上目数			下目数			目数の許容差
	中目	細目	油目	中目	細目	油目	
5本組	45	70	110				
8本組	50	75	118	各目数とも上目数			±10%
10本組	58	80	125	の80〜90％とする			
12本組	66	90	135				

　組やすりの目の種類および目数は，各形状とも中目，細目および油目の 3 種類があり，その目数は 25 mm の長さについては**表 12-8** に示すとおりである．組やすりは仕上げに用いるものである．例えば，制御盤のパネル面などで，組やすりを用いて仕上げの加工などを行う場合，やすりの先端が加工面からはずれてパネルの表面に傷を付けたりする恐れがある．これを防ぐためには**図 12-35** に示すように，ビニル絶縁テープなどを

用いて絶縁テープをやすりの先端に巻いてストッパとすれば，加工面からやすりの先端がはずれることが少なくなり，やすりかけ作業がやりやすくなる．

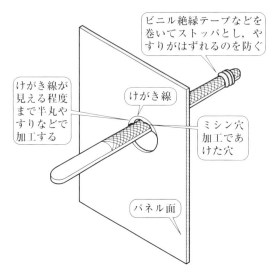

図12-35　組やすりの使い方の一例

3　携帯用電気ドリル（JIS C 9605）

　電気ドリルの種類は使用できるドリルの最大径によって分類されている．その種類と出力は，金工用にあっては**表12-9**に示すように，また，木工用にあっては**表12-10**に示すように，その種類が分けられている．ただし，電動機の時間定格は30分である．したがって，長時間連続して使用することはできないので注意する．

表12-9　金工用電気ドリルの種類と出力（JIS C 9605より抜粋）

種類	5 mm	6.5 mm	10 mm	13 mm	16 mm	20 mm	25 mm	32 mm
ドリルの最大径の呼び寸法〔mm〕	5	6.5	10	13	16	20	25	32
出力〔W〕	55以上	75以上	150以上	225以上	260以上	370以上	600以上	1 000以上

表12-10　木工用電気ドリルの種類と出力

種類	21 mm	24 mm	30 mm	36 mm
ドリルの最大径の呼び寸法〔mm〕	21	24	30	36
出力〔W〕	135以上	160以上	190以上	220以上

　電気ドリルの定格電圧および使用電動機の種類は，**表12-11**に示すように分類されている．一般には，定格電圧100 Vまたは200 Vの直巻整流子電動機を用いた電気ドリ

ルで，チャックの呼び寸法が 6.5 または 13 程度のものが適当な重量であり，操作も容易に行えるため多く使用されている．

表 12-11 電気ドリルの定格電圧および使用電動機

(単位 V)

使用電動機の種類	定格電圧
直巻整流子電動機または単相誘導電動機	100 または 200
3 相かご形誘導電動機	200

4 ストレートシャンクドリル (JIS B 4301)

ストレートシャンクドリルの寸法は，直径が 0.2 mm から 13.0 mm までである．それらは，直径 0.2 mm から 2.0 mm までは 0.05 mm 間隔で，また 2.0 mm から 13 mm までは 0.1 mm 間隔の寸法のドリルがある．電気ドリルで携帯して使用するのに便利なものは，チャックの呼び径が 6.5 程度のもので，携帯用の電気ドリルとして多く使用されている．この大きさの電気ドリルでは，電気ドリルに取り付けられるドリルの最大寸法は 6.5 mm である．

しかし，厚い材料の穴あけではなく薄い材料の穴あけでは，**図 12-36** に示すように，直径が 6.5 mm 以上のドリルのシャンクの部分を 6.5 mm 削り，電気ドリルの 6.5 mm のチャックに入るようにする．このようにドリルのシャンクの部分を加工すると，携帯用の電気ドリルを用いて 13 mm までの穴をあけることができる．ドリルのシャンクの部分は焼入れされていないため，旋盤などを用いて削ることができる．また，シャンク部分を 6 mm または 6.5 mm に削ったドリルも市販されている．

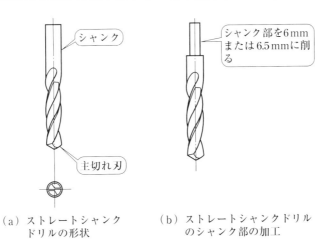

（a）ストレートシャンク
　　ドリルの形状

（b）ストレートシャンクドリル
　　のシャンク部の加工

図 12-36　ストレートシャンクドリルの形状 (JIS B 4301 より抜粋)

器具などの取付けに使用するねじの太さと穴の大きさとの関係を示すと，**図 12-37**

に示す程度の穴径の穴があけられていればよい．図12-37に示した下穴の寸法は，JISに規定されている2級の寸法である．したがって，ねじの下穴をあけるのに使用するドリルは，2.4，3.0，3.4，4.5，5.6，6.8，9.0mm程度のドリルを用意しておくと，M3からM8までのねじの下穴およびタップ用の下穴をあけることができる．

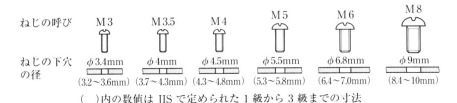

ねじの呼び	M3	M3.5	M4	M5	M6	M8
ねじの下穴の径	φ3.4mm	φ4mm	φ4.5mm	φ5.5mm	φ6.8mm	φ9mm
	(3.2～3.6mm)	(3.7～4.3mm)	(4.3～4.8mm)	(5.3～5.8mm)	(6.4～7.0mm)	(8.4～10mm)

（　）内の数値はJISで定められた1級から3級までの寸法

図12-37　ねじの呼びと下穴径

　直径が10mm以上の穴をドリルを用いてあけると，あける材料の板厚が薄い場合，電気ドリルを用いてあけた穴が三角になる場合が多い．この原因は図12-38(a)に示すように，ドリルの刃先が板から出るとドリルの先端の基準となる中心部がなくなるためにドリルの刃先が振れて穴が三角形状となってしまう．また，板の厚さが厚い場合には，図12-38(b)に示すように，ドリルの刃先が板から出てもドリルの肩（コーナ）が穴にかかっていて，ドリルが振れないために穴はきれいに丸くあけることができる．

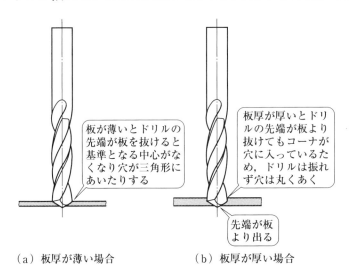

板が薄いとドリルの先端が板を抜けると基準となる中心がなくなり穴が三角形にあいたりする

板厚が厚いとドリルの先端が板より抜けてもコーナが穴に入っているため，ドリルは振れず穴は丸くあく

先端が板より出る

（a）板厚が薄い場合　　　　　　（b）板厚が厚い場合

図12-38　太いドリルによる穴あけ

　普通，ドリルの先端高さは直径の1/3である．したがって，10mmのドリルを用いて穴をあける場合，板の厚さが3.5mm以上の板であればきれいに丸く穴をあけることができる．しかし，板の厚さが3.5mm以下の板にきれいな丸い穴をあけるには，図12-39に示すような一文字ドリルを用いるとよい．一文字ドリルは市販され始めたが，普通のドリルを図12-39に示した形状に加工して使用することができる．

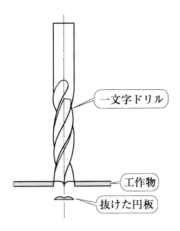

図12-39　一文字ドリルによる穴あけ

　一文字ドリルがなくて大きな穴をあけるには，最初は小さな径のドリルを用いて下穴をあけ，次に大きな穴をあける．こうすると，いきなり大きな穴をあけるよりは多角形状の穴になりにくい．例えば，直径10 mm程度の穴あけでは下穴は4 mm程度，また，直径が12 mm程度の穴では下穴は5 mm程度の穴をあけ，次に大きな穴をあければきれいに穴をあけることができる．

5　ホールソー

　操作用のスイッチや表示灯などを取り付けるためには，直径24 mm，26 mm，31 mmなどといった大きな取付け用の穴をあけなければならない．このような大きな穴をあけるには，**図12-40**に示すようなホールソーを用いて穴をあけると便利である．ホールソーについてはJISによりその規格などは定められていない．しかし，ホールソーはあける穴の直径が12〜100 mm程度までのものが作られている．

鋼板用や樹脂用など用別途に作られており，用途により歯の形状が異なる

図12-40　ホールソーの形状

　また，ホールソーも，穴をあける材料によってその種類が分けられている．一般用のものは，厚さ8 mm程度までの鉄板に穴をあけることができる．このほか，アルミニウ

ム用，銅用，合成樹脂用などのホールソーが作られている．また，コンクリートや大理石に穴をあけるには，ホールソーの材質に超硬合金が使用されたホールソーが作られており，用途に適したホールソーを選んで使用する．

　ホールソーがない場合に大きな穴をあけるには，**図12-41**に示すようにミシン穴加工により穴をあける．例えば直径20 mm程度の穴をあけるには，5 mm程度のドリルを用いてミシン穴をあけ，ミシン穴の間をニッパまたはたがねなどを用いて切り取る．あいた穴のバリはやすりを用いて取る．穴の仕上げはけがいた線のところまでやすりで削って仕上げる．穴の大きさとミシン穴加工に用いるドリルの大きさは，**表12-12**に示す程度の太さのものを用いればよい．

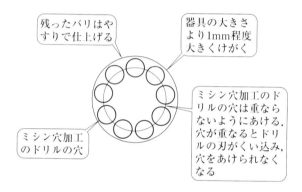

図12-41　ミシン穴加工による穴あけ

表12-12　ミシン穴あけ加工に使用するドリルの径

穴の大きさ〔mm〕	ミシン穴加工に使用するドリルの太さ〔mm〕
15	3
20	5
30	7

　以上が制御盤の加工に使用する工具である．信頼性の高い制御盤を組み立てるには，作業に適した適正な工具を選び，正しい作業により制御盤を組み立てることにより，信頼性が高く，また，メンテナンスを行うに当たっても，容易にメンテナンスを行うことができる制御盤を組み立てることができることと思われる．

索　　引

■ 著者紹介

佐藤　一郎（さとう　いちろう）

1958年　東京電機大学電気工学科卒業
　　　　前，職業能力開発総合大学校非常勤講師
　　　　独立行政法人国際協力機構（JICA）青年海外協力隊事務局技術顧問

著　書　「図解半導体素子と電子部品」（日本理工出版会）
　　　　「図解測定器マニュアル〔新版〕」（日本理工出版会）
　　　　「図解電気工学入門」（オーム社）
　　　　「図解電子工学入門」（オーム社）
　　　　「図解電気計測」（日本理工出版会）
　　　　「図解シーケンス制御回路」（日本理工出版会）
　　　　「図解シーケンス制御と故障修理」（日本理工出版会）
　　　　「図解センサ工学概論」（日本理工出版会）
　　　　「図解屋内配線図の設計と製作」（共著）（日本理工出版会）
　　　　「第一種電気工事士複線図の書き方」（日本理工出版会）
　　　　「第二種電気工事士技能試験スーパー読本」（日本理工出版会）
　　　　「図解でまなぶ電気の基礎」（日本理工出版会）
　　　　「屋内配線と構内電気設備配線の配線図マスター」（日本理工出版会）
　　　　「技能検定・各種技能検定試験のための電子・電機機器組立マニュアル」
　　　　　　　　　　　　　　　　　　　　　　　　　　　（日本理工出版会）

　　　　他多数

図解 制御盤の設計と製作

2022 年 9 月 10 日　　第 1 版第 1 刷発行

著　　者　佐藤一郎
発行者　村上和夫
発行所　株式会社オーム社
　　　　　郵便番号　101-8460
　　　　　東京都千代田区神田錦町 3-1
　　　　　電話　03（3233）0641（代表）
　　　　　URL　https://www.ohmsha.co.jp/

© 佐藤一郎 2022

印刷・製本　平河工業社
ISBN978-4-274-22925-1　Printed in Japan

本書の感想募集　https://www.ohmsha.co.jp/kansou/
本書をお読みになった感想を上記サイトまでお寄せください．
お寄せいただいた方には，抽選でプレゼントを差し上げます．

図解 電気工学入門

佐藤一郎 著　　　　　　　　**A5** 判　並製　**224** 頁　本体 **2200** 円【税別】

はじめて電気工学を学ぶ人や電気工学科以外の学科の学生を対象として電気工学全般についてその基礎を述べています．図や写真を多く用いて，読者が電気の現象を理解しやすいように配慮．

図解 電子工学入門

佐藤一郎 著　　　　　　　　**A5** 判　並製　**292** 頁　本体 **2700** 円【税別】

これから電子工学を学ぼうとする人や，電子工学科以外の学生を対象として，電気および電子工学の基礎について述べてあります．図を多く用いてわかりやすく解説．

アナログ電子回路

大類重範 著　　　　　　　　**A5** 判　並製　**310** 頁　本体 **2600** 円【税別】

範囲が広く難しいとされているこの分野を，数式は理解を助ける程度にとどめ，多数の図解を示し，例題によって学習できるように配慮．電気・電子工学系の学生や企業の初級技術者に最適．
【主要目次】1 章　半導体の性質　2 章　pn 接合ダイオードとその特性　3 章　トランジスタの基本回路　4 章　トランジスタの電圧増幅作用　5 章　トランジスタのバイアス回路　6 章　トランジスタ増幅回路の等価回路　7 章　電界効果トランジスタ　8 章　負帰還増幅回路　9 章　電力増幅回路　10 章　同調増幅回路　11 章　差動増幅回路と OP アンプ　12 章　OP アンプの基本応用回路　13 章　発振回路　14 章　変調・復調回路

ディジタル電子回路

大類重範 著　　　　　　　　**A5** 判　並製　**312** 頁　本体 **2700** 円【税別】

ディジタル回路をはじめて学ぼうとしている工業高専，専門学校，大学の電気系・機械系の学生，あるいは企業の初級・現場技術者を対象に，範囲が広い当分野をできるだけわかりやすく図表を多く用いて解説しています．
【主要目次】1 章　ディジタル電子回路の基礎　2 章　数体系と符号化　3 章　基本論理回路と論理代数　4 章　ディジタル IC の種類と動作特性　5 章　複合論理ゲート　6 章　演算回路　7 章　フリップフロップ　8 章　カウンタ　9 章　シフトレジスタ　10 章　IC メモリ　11 章　D/A 変換・A/D 変換回路

ディジタル信号処理

大類重範 著　　　　　　　　**A5** 判　並製　**224** 頁　本体 **2500** 円【税別】

今日，ディジタル信号処理は広範囲にわたる各分野のシステムを担う共通の基礎技術です．特に電気電子系，情報系では必須科目です．本書は例題や演習を併用しわかりやすく解説しています．
【主要目次】1 章　ディジタル信号処理の概要　2 章　連続時間信号とフーリエ変換　3 章　連続時間システム　4 章　連続時間信号の標本化　5 章　離散時間信号と Z 変換　6 章　離散時間システム　7 章　離散フーリエ変換（DFT）　8 章　高速フーリエ変換（FFT）　9 章　FIR ディジタルフィルタの設計　10 章　IIR ディジタルフィルタの設計

テキストブック 電気回路

本田徳正 著　　　　　　　　**A5** 判　並製　**250** 頁　本体 **2200** 円【税別】

初めて電気回路を学ぶ人に最適の書．電気系以外のテキストとしても好評．直流回路編と交流回路編に分けわかりやすく解説．
【主要目次】**第 I 編**　直流回路　1 章　電流と電圧　2 章　オームの法則とキルヒホッフの法則　3 章　直流の電力と電力量　4 章　抵抗の変化　5 章　直流回路の解き方　6 章　回路の定理　7 章　Y−Δ 変換　**第 II 編**　交流回路　8 章　正弦波交流　9 章　交流回路の解き方　10 章　ベクトル軌跡　11 章　共振回路　12 章　交流の電力　13 章　相互インダクタンス　14 章　交流ブリッジ回路

◎本体価格の変更，品切れが生じる場合もございますので，ご了承ください．
◎書店に商品がない場合または直接ご注文の場合は下記宛にご連絡ください．
TEL.03-3233-0643
FAX.03-3233-3440
https://www.ohmsha.co.jp/

テキストブック 電子デバイス物性

宇佐・田中・伊比・高橋 共著　　　**A5** 判　並製　**280** 頁　本体 **2500** 円【税別】

電子物性的な内容と，半導体デバイスを中心とする電子デバイス的な内容で構成．超伝導，レーザ，センサなどについても言及．